乡村振兴战略 浙江省农民教育培训丛书

绿色高效农药使用手册

浙江省农业农村厅 编

中国农业科学技术出版社

图书在版编目（CIP）数据

绿色高效农药使用手册/浙江省农业农村厅编. ——
北京：中国农业科学技术出版社，2019.12
（乡村振兴战略·浙江省农民教育培训丛书）
ISBN 978-7-5116-4535-7

I. ①绿… II. ①浙… III. ①无污染农药－农药施用
－手册 IV. ①S482-62

中国版本图书馆CIP数据核字（2019）第272643号

责任编辑	闫庆健　王思文　马维玲
责任校对	马广洋
出 版 者	中国农业科学技术出版社
	北京市中关村南大街12号　邮编：100081
电　　话	(010) 82106625（编辑室）　(010) 82109704（发行部）
传　　真	(010) 82106625
网　　址	http://www.castp.cn
经 销 者	各地新华书店
印 刷 者	北京建宏印刷有限公司
开　　本	787mm×1092mm　1/16
印　　张	12.75
字　　数	210千字
版　　次	2019年12月第1版　2020年9月第2次印刷
定　　价	55.00元

◄━━ 版权所有·翻印必究 ━━►

（本图书如有缺页、倒页、脱页等印刷质量问题，直接与印刷厂联系调换）

乡村振兴战略·浙江省农民教育培训丛书

编辑委员会

主　任　唐冬寿

副主任　陈百生　应华莘

委　员　陆　益　吴　涛　吴正阳　张　新

　　　　胡晓东　柳　怡　林　钗　金水丰

　　　　竺颖盈　李大庆　陈　杨　沈秀芬

　　　　盛丽君　李关春　邹敦强　周　轼

　　　　徐志东

本书编写人员

主　编　郑永利　吴慧明　周小军

副主编　曹婷婷　吴华新　金芝辉

编　撰　(按姓氏笔画排序)

　　　　王　勇　王劲松　王国荣　王晓楠

　　　　孔樟良　冯新军　许燎原　孙　桐

　　　　李　政　李罕琼　李建国　杨凤丽

　　　　吴永汉　吴华新　吴国强　吴降星

　　　　吴慧明　金芝辉　周　庚　周小军

　　　　郑永利　赵　梁　陶芳怡　曹婷婷

　　　　章红霞　章彩飞　童丽丽　樊纪亮

审　稿　章强华

序

习近平总书记指出："乡村振兴，人才是关键。"

广大农民朋友是乡村振兴的主力军，扶持农民，培育农民，造就千千万万的爱农业、懂技术、善经营的高素质农民，对于全面实施乡村振兴战略，高质量推进农业农村现代化建设至为关键。

近年来，浙江省农业农村厅认真贯彻落实习总书记和中央、省委、省政府"三农"工作决策部署，深入实施"千万农民素质提升工程"，深挖农村人力资本的源头活水，着力疏浚知识科技下乡的河道沟渠，培育了一大批扎根农村创业创新的"乡村工匠"，为浙江高效生态农业发展和美丽乡村建设持续走在全国前列提供了有力支撑。

实施乡村振兴战略，农民的主体地位更加凸显，加快培育和提高农民素质的任务更为紧迫，更需要我们倍加努力。

做好农民培训，要有好教材。

浙江省农业农村厅总结近年来农民教育培训的宝贵经验，组织省内行业专家和权威人士编撰了《乡村振兴战略·浙江省农民教育培训丛书》，以浙江农业主导产业中特色农产品的种养加技术、先进农业机械装备及现代农业经营管理等内容为

主，独立成册，具有很强的权威性、针对性、实用性。

丛书的出版，必将有助于提升浙江农民教育培训的效果和质量，更好地推进现代科技进乡村，更好地推进乡村人才培养，更好地为全面振兴乡村夯实基础。

感谢各位专家的辛勤劳动。

特为序。

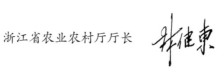

浙江省农业农村厅厅长　林健东

内容提要

为了进一步提高广大农民自我发展能力和科技文化综合素质，造就一批爱农业、懂技术、善经营的高素质农民，我们根据浙江省农业生产和农村发展需要及农村季节特点，组织省内行业首席专家或权威人士编写了《乡村振兴战略·浙江省农民教育培训丛书》。

《绿色高效农药使用手册》是《乡村振兴战略·浙江省农民教育培训丛书》中的一个分册，全书共分五章。第一章农药基础知识，第二章至第五章分别为杀虫杀螨剂、杀菌剂、除草剂和植物生长调节剂，共遴选了既绿色环保又防效优良的146种常用农药，每种农药分别从作用机理、防治对象、使用技术等方面进行系统介绍，并根据实践应用经验做了相关专家点评，以期让读者更加全面地掌握农药特性，更加科学合理使用农药。《绿色高效农药使用手册》以国家绿色食品标准为基础，兼顾当前生产实际，实用性强，通俗易懂，既可作为各级农广校高素质农民的培训教材，也可作为广大农业企业种植基地管理人员、农民专业合作社社员、家庭农场成员、农村种植大户阅读用书，还可作为高职高专院校、成人教育农学类等专业参考用书。

由于编者水平所限，书中难免有不妥之处，敬请广大读者提出宝贵意见，以便于进一步修订和完善。

目录 *Contents*

第一章　农药基础知识

第二章　杀虫杀螨剂

第三章 杀菌剂

第四章　除草剂

第五章 植物生长调节剂

第一章 农药基础知识

农药是指用于预防、控制危害农业、林业的病、虫、草、鼠和其他有害生物以及有目的地调节植物、昆虫生长的化学合成或者来源于生物、其他天然物质的一种物质或者几种物质的混合物及其制剂。

一、 农药分类

农药是指用于预防、控制危害农业、林业的病、虫、草、鼠和其他有害生物以及有目的地调节植物、昆虫生长的化学合成或者来源于生物、其他天然物质的一种物质或者几种物质的混合物及其制剂。

为便于管理和使用，通常根据农药的来源、成分、防治对象或作用方式、作用机理等进行分类（图1-1）。

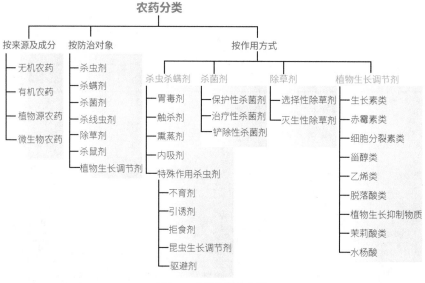

图1-1 农药分类示意图

（一）按来源及成分分类

1. 无机农药

指由天然矿物原料加工、配制而成的农药，又称为矿物性农药。有效成分一般是无机的化学物质或各种盐类，常见的有石灰、硫磺、砷酸钙、磷化铝、硫酸铜等。

2. 有机农药

主要是由 C、H、O 等元素构成的一类农药，多数指有机合成方法制得农药。

3. 植物源农药

是指用天然植物加工制造的，所含有效成分是天然有机化合物。如烟草、除虫菊、鱼藤、印楝等。

4. 微生物农药

是用微生物及其代谢产物制造成的。如苏云金杆菌（Bt）、农用抗生素、井冈霉素、乙基多杀菌素等。

(二) 按防治对象分类

按农药的主要防治对象分类，这是化学农药最基本的分类方法。主要有以下几类。

1. 杀虫剂

对有害昆虫有直接毒杀作用，或通过其他途径控制其种群形成或可减轻、消除害虫为害程度的农药。

2. 杀螨剂

防除植食性有害螨类的农药。

3. 杀菌剂

对病原微生物能起到杀死、抑制或中和其有毒代谢物的作用，而使植物及其产品免受其为害或消除病症的农药。

4. 杀线虫剂

用来防治植物病原线虫的农药。

5. 除草剂

用来防除杂草的农药。

6. 杀鼠剂

用于防治各种有害啮齿类动物的农药。

7. 植物生长调节剂

仿照植物内源激素的化学结构人工合成的具有植物生理活性的物质，可控制、促进或调节植物生长发育的农药。

（三）按作用方式分类

1. 杀虫杀螨剂

许多杀虫剂兼有杀螨作用，一般兼有杀螨作用的杀虫剂又称杀虫杀螨剂。根据杀虫剂的作用方式可分为以下几种。

（1）胃毒剂。药剂通过害虫取食而进入消化系统，再到达靶标才可起到毒杀作用的杀虫剂。例如，砷酸类杀虫剂主要是胃毒作用杀虫，所以对蝗虫、蝼蛄、黏虫等咀嚼式口器害虫具有良好的防效，而对蚜虫、飞虱等刺吸式口器害虫几乎无效。

（2）触杀剂。药剂通过体壁及气门进入害虫、害螨体内，而起到毒杀作用的杀虫剂。目前市场上大量应用的品种，有机磷、氨基甲酸酯类农药，大多是以触杀作用为主兼有胃毒作用的药剂，适用于各种口器的害虫。但对介壳虫等体表具有较厚蜡层保护的害虫，则防治效果一般。

（3）熏蒸剂。是指能够在常温下气化为有毒气体，通过呼吸系统进入害虫体内，使之中毒死亡的杀虫剂。例如溴甲烷、磷化铝、氢氰酸等。熏蒸剂一般应在密闭条件（如粮库）下或在特殊情况下（如土壤熏蒸）使用，否则效果不佳。

（4）内吸剂。药剂被植物的茎、叶、根或种子吸收而进入植物体内，并在植物体内传导扩散或产生更强毒性的代谢物，使取食植物的害虫（螨）中毒死亡的杀虫剂。氯化烟酰类杀虫剂具有良好的内吸活性，如啶虫脒、吡虫啉等。

（5）特殊作用杀虫剂。这类杀虫剂不是直接杀死害虫害螨，而是通过药剂的特殊作用功能，干扰或破坏昆虫的正常生理活动和行为，以达到控制害虫的目的，或影响其后代的繁殖，或降低害虫适应环境的能力等。这类杀虫剂按其不同的生理作用又可分为以下几类。

①不育剂：药剂进入害虫体内后，可直接干扰或破坏害虫的生殖系统，使性细胞不能形成、性细胞不能结合或受精卵和胚胎不能正常发育。化学不育剂主要作用于昆虫生殖系统，可造成雄性或雌性不育，或兼作用于两性，在一定条件下，对有性繁殖的昆虫可导致种群

灭亡。

②引诱剂：通过物理、化学作用（如光、颜色、气味、微波信号等）可将害虫诱聚而利于防控的杀虫剂。

③拒食剂：可影响昆虫的味觉器官，破坏害虫正常生理功能，使其厌食、拒食，最后因饥饿、失水而逐渐死亡，或因摄取营养不足而不能正常发育的杀虫剂。

④昆虫生长调节剂：能阻碍害虫的正常生理功能、阻止正常变态、打破滞育、形成没有生命力或不能繁殖的畸形个体的杀虫剂。主要包括保幼激素、蜕皮激素、抗保幼激素、几丁质合成抑制剂等。

⑤驱避剂：与引诱剂作用相反，通过物理、化学作用（如颜色、气味等）使害虫忌避或发生转移、潜逃现象，从而达到保护寄主植物或特殊场所目的。此类药剂在卫生防疫上用途较大。

2. 杀菌剂

杀菌剂按作用方式通常分为以下几种。

（1）保护性杀菌剂。在病害流行前（即当病原菌接触寄主或侵入寄主之前）均匀喷洒在植物体表或施用于植物体可能受害的部位，通过预防病原微生物入侵与传播，达到保护植物不受侵染的一类杀菌剂。

（2）治疗性杀菌剂。在植物发病后施用，以抑制病菌的生长或致病过程，使植物病害停止发展或使植株恢复健康的一类杀菌剂。如硫磺直接杀死病原菌，或具内渗作用的杀菌剂，可渗入到植物组织内部而杀死病菌；或有内吸杀菌剂直接进入植物体内，随着植物体液运输传导而起治疗作用。

（3）铲除性杀菌剂。对病原菌有直接强烈杀伤作用的杀菌剂。这类杀菌剂常为植物生长期不能忍受，一般只用于播前土壤处理、植物休眠期或种苗处理。

3. 除草剂

除草剂按作用方式可分为选择性除草剂和灭生性除草剂。

（1）选择性除草剂。即在一定的浓度和剂量范围内杀死或抑制部分植物而对另外一些植物安全的除草剂。如丙草胺等。

（2）灭生性除草剂。在常用剂量下可以杀死所有接触到除草剂的绿色植物体的除草剂，如草铵膦。

4. 植物生长调节剂

植物生长调节剂的特点是微量和调控植物生理活动，按作用方式可分为9类。

（1）生长素类。可促进植物细胞伸长，促进发根，促进未受精子房膨胀形成单性结实，促进形成愈伤组织，延迟或抑制植物离层的形成。如吲哚乙酸（IAA）、萘乙酸、防落素、复硝铵、4-氯苯氧乙酸、增产灵等。

（2）赤霉素类。可打破植物体某些器官的休眠，促进长日照植物开花，促进茎叶伸长生长，改变某些植物雌雄花比率（促进雄花分化），诱导单性结实，提高植物体内酶活性。如GA3（九二〇）。

（3）细胞分裂素类。可促进细胞分裂，诱导离体组织芽的分化，抑制或延缓叶片组织衰老。如细胞分裂素（CTK）、6-呋喃甲基腺嘌呤（激动素、KT）、玉米素、苄基嘌呤（6-BA）、噻苯隆、Zip、四氢吡喃苄基腺嘌呤（PBA）等。

（4）甾醇类。有生长素、赤霉素、细胞分裂素的部分生理作用，对植物细胞伸长和分裂均有促进作用。如丙酰芸苔素内酯、表高芸苔素内酯、表芸苔素内酯。

（5）乙烯类。可促进果实成熟，促进叶子、花、果实脱落，促进不定根地发生，并可诱导花芽分化、抑制细胞的伸长生长。如乙烯利。

（6）脱落酸类。促进休眠，促进器官衰老、脱落和气孔关闭，抑制萌发，阻滞植物生长等。脱落酸在进入休眠或将要脱落的植物器官中含量较高，目前没有商品化的产品。

（7）植物生长抑制物质。又可分为植物生长延缓剂和植物生长抑制剂。

①植物生长延缓剂：对亚顶端分生组织有暂时抑制作用，延缓细胞的分裂与伸长生长，药效一过植物即可恢复生长，其效应可被赤霉素逆转。

②植物生长抑制剂：可抑制植物徒长、培育壮苗、延缓茎叶衰老、推迟成熟、诱导花芽分化、控制顶端优势、改造株型等。抑制剂对顶芽和分生组织都有破坏作用，抑制作用不可逆转。如矮壮素（CCC）、比久（B9）、缩节胺（调节啶）、多效唑等。

（8）茉莉酸类（JAs）。抑制生长和萌发，促进生根，促进衰老，抑制花芽分化，提高植物抗逆性等。如茉莉酸甲酯。

（9）水杨酸（SA）。可诱导开花，增强抗逆性（抵抗低温）。

二、 农 药 剂 型

（一）农药剂型的作用

工厂生产出来未经加工的工业品农药称为原药（原粉或原油）。大多数原药是脂溶性的，一般不能直接用水稀释使用。将原药与助剂（如溶剂、稳定剂、乳化剂、湿润剂等）混合，经一系列工艺加工成具有特定形态、组分、规格且理化性能稳定的农药分散体系，称作农药剂型。如微乳油、可溶性液剂、烟雾剂等。而农药加工品统称为农药制剂。

农药剂型加工，第一，为农药赋形，即赋予农药特定的相对稳定形态，以适应各种应用技术对农药分散体系的要求，便于流通和使用。例如，50%吡蚜酮水分散性粒剂就是指含50%有效成分吡蚜酮的颗粒状固体，可直接对水喷雾。第二，农药剂型加工可以改善农药性能，提高农药的稳定性，延长农药商品货架期，提高农药药效。如农药制剂中的表面活性剂，可以使农药均匀分布、增强农药在靶标表面的附着力；粉剂的粒度可影响其沉积等。第三，高毒农药低毒化，将高毒农药加工成含量较低的低毒剂型及其制剂，可以提高农药使用的安全性。第四，延长持效期，减少使用次数。如农药加工成缓释剂型、种子包衣剂等。此外，将同种原药加工成多种剂型的制剂，可以扩大农药的使用方式和用途，而将农药加工成混合制剂，可以扩大防治谱，达到增效、减量、延缓抗性发展、降低残留及对环境的影响等多种效果。

农药剂型是依据农药固有的理化性质、防治对象的生物学特性、使用的环境而确定的制剂类型。例如，防治保护地病虫害，针对保护地相对密闭的特点，对热稳定的农药可加工成烟剂，或加工成微粉剂、迷雾剂等，不仅能获得良好的防治效果，还可减少施药的人工投入。又如，经根有良好的内吸作用农药，选用颗粒剂，既可延长其控制害虫的持效期，又增加了对非靶标生物的安全性。再如稻田用药量大，施药难度大，为此开发的大粒剂、水溶性袋装粒剂、泡腾片剂和撒滴剂，使在田埂上施药成为可能，既方便又省力。

因此，在确定药剂主成分后，通过选择合适的助剂，将农药加工成适宜的剂型，不但能提高防治效果、节省农药有效成分用量、提高施药工效和减轻劳动强度，而且往往还能达到减少农药对环境的污染、减轻或避免农药对有益生物的杀伤，以及提高对施药人员和作物的安全性的目的。目前世界农药剂型正朝着水性、粒状、缓释、高含量、多功能、安全、省工时和对靶精确化的方向发展。乳油正在逐步被不含或少含有机溶剂的剂型如水乳剂、水悬浮剂、浓乳剂所替代，我国已基本停止了新的乳油制剂登记。

（二）常见农药剂型

同种农药成分可以制成多种剂型，在我国国家标准《农药剂型名称及代码》（GB/T 19378-2017）中规定了59个农药剂型的名称和代码。目前生产常见的农药剂型主要有以下几种。

1. 可湿性粉剂（WP，wettable powder）

由不溶于水的农药原药与润湿剂、分散剂、填料混合、粉碎而成，易被水润湿并能在水中分散悬浮的粉状剂型。剂型特点：附着性强，飘移少，对环境污染轻；少用或不用有机溶剂，生产成本低，便于贮存、运输；有效成分含量比粉剂高；加工中有一定的粉尘污染。

2. 乳油（EC，emulsifiable concentrates）

乳油是由原药与乳化剂按一定比例溶解在有机溶剂（甲苯、二甲苯等）中制成的一种透明油状液体。剂型特点：适用于喷雾、泼浇、涂茎、拌种、撒毒土等。这类剂型的制剂有效成分含量高，贮存稳定性好，使用方便，防治效果好，加工工艺简单，设备要求不高，在整个加工过程中基本无三废。缺点：大量使用有机溶剂，易造成环境污染；易燃、不便贮运。目前已基本停止新的乳油制剂的审批。

3. 微乳剂（ME，microemulsion）

微乳剂是指水不溶的液体或固体农药原药以超细液滴（0.01~0.1微米）分散于水中的透明或半透明分散体系。剂型特点：粒径小，对植物和昆虫有良好的渗透性，可提高药效；热力学上稳定的均相、可溶性体系，比浓乳剂更为优异；以水为连续相，不用或少用有机溶剂，减少对有害生物和环境污染；不可燃，便于运输和贮藏。

4. 悬浮剂（SC，suspension concentrate）

悬浮剂俗称胶悬剂，以水或油为分散介质，以表面活性剂为分散剂将固体农药通过砂磨机湿法超微粉碎，制成黏稠的可流动的液固态制剂，粒径为0.5~3微米。由农药有效成分、湿润剂、分散剂、防冻剂、增稠剂、消泡剂和水等组成。是水不溶农药（固体或液体）加工形成的新剂型，是悬浮剂和浓乳剂的结合剂型，兼具有悬浮剂和浓乳剂的特点。加工和使用时无粉尘污染，对人的毒性低，对环境污染小。

5. 水分散性粒剂（WDG，water dispersible granule）

水分散性粒剂是指投入水中后能迅速崩解，分散形成悬浮液的粒状农药制剂，又称为粒状可湿性粉剂、粒状干悬剂。由有效成分、分散剂、湿润剂、黏着剂、崩解剂和填料等组成。具有与可湿性粉剂和悬浮剂一样良好的悬浮性、分散性和稳定性；有比可湿性粉剂更好的流动性，易于从容器中取出；贮藏期间不易沉积结块、低温结冻；加工过程无尘土飞扬；WDG还可制成高浓度（有效成分含量可超过80%），降低储运费。其加工成本比可湿性粉剂和悬浮剂高。

6. 可溶粉剂（SP，water soluble powder）

可溶粉剂是指有效成分能迅速分散而完全溶解于水中的一种新剂型，其外观大多呈流动性的粉粒体。可溶粉剂贮存时稳定性好，加工和贮运成本较低，可节省包装和运输费，在贮藏和运输中不易破损和燃烧，比乳油安全。与可湿性粉剂（WP）、乳油（EC）及悬浮剂（SC）比较，最大优点是能充分发挥药效，加工过程中不需（或少量）有机溶剂，减少环境污染。

7. 水剂（AS，aqueous solution）

水剂为均一液体制剂，用水稀释后有效成分形成真溶液。由农药原药与任意所需的助剂及其他溶剂组成的液体，不含可见的外来物和沉淀。

原药分散成直径小于0.001微米的颗粒，该剂型易加工，低药害，毒性小，易于稀释、使用安全和方便等特点。但只适用于水溶性或经改造后溶于水的农药原药。

8. 缓释剂（BR，briquettew）

缓释剂是具有控制释放能力的各种制剂的总称。缓释剂是利用控制释放技术，通过物理化学方法，将农药贮存于农药的加工品之中，制成可使有效成分控制释放的制剂。使农药按需要的剂量、特定的时间、持续稳定的释放，以达到最经济、安全、有效地控制有害生物。缓释剂具有延长药剂的持效期，减少用药次数；减少药害，降低对有益生物的为害，减轻对环境的污染；隐蔽臭味，降低对人畜的毒性和刺激性等优点。目前由于加工成本高，多数缓释剂处于研发阶段，商品化的品种不多。

9. 种衣剂（SD，seed coating）

种衣剂是指含有农药黏结剂的悬浮状粉状或液体剂型，可加水稀释，处理种子后能黏着在种子表面形成牢固的药膜。种衣剂泛指用于种子包衣的各种制剂，是由农药原药（或者肥料、生长调节剂等）、成膜剂及配套助剂经特定工艺流程加工制成的，可直接或经稀释后包覆于种子表面，形成具有一定强度和通透性的保护膜的农药制剂。与拌种剂相比，种衣剂可在种子表面固化成膜（即为种衣）；种衣在土中遇水只能吸胀但几乎不被溶解，以保证药肥在种子正常发芽生长过程中缓慢释放。而一般拌种剂不能形成种衣，种子处理后需要立即播种，不能贮藏。

10. 烟（雾）剂（FU，fumigant）

烟雾剂是由适当热源供给能量，使易于挥发或升华的药剂迅速汽化，形成烟或雾，弥散空间，并可维持相当长时间的剂型。特别适用于温室、仓库、大棚、干旱地区和难以喷洒药剂的相对封闭的环境和场所。

11. 泡腾片剂（ET，effervescent tablet）

泡腾片剂这是一种适用于水稻等有水的场所，施用后在水中发泡，并释放出有效成分，由于扩散剂的作用，在水田中有效成分均匀一致，达到杀灭靶标生物的目的。它亦可在水中自动崩解，形成悬浮液，供喷雾使用。

12. 气雾剂（AE，aerosol dispenser）

气雾剂是利用低沸点发射剂急剧气化时所产生的高速气流将药液分散雾化，靠阀门控制喷雾量的一种罐装制剂适，用于卫生害虫防治。如常见的雷达杀蚊剂。

13. 可溶性液剂（SL，solubleconcentrate）

可溶性液剂是由原药、溶剂、表面活性剂和防冻剂组成的均相透明液体制剂，用水稀释后有效成分形成真溶液。用于配制可溶性液剂的原药在水中虽有很大溶解度，但在水中不稳定，易分解失效，因此，不能加工成水剂。若在与水混溶的溶剂中有较大溶解度则可以加工成可溶性液剂，如甲胺磷；而在水中溶解度小或不溶于水，也不能形成水溶性盐的原药，若在与水混溶的溶剂中有较大的溶解度，也可以加工成可溶性液剂，如吡虫啉。可溶性液剂的溶剂一般使用低级醇类（如甲醇、乙醇）和酮类（如丙酮）。用于配制可溶性液剂的表面活性剂主要起增溶、润湿和渗透作用。

14. 微囊悬浮剂（CS，capsule suspension）

微囊悬浮剂是利用合成或者天然的高分子材料形成核—壳结构微

小容器，将农药包覆其中，并悬浮在水中的农药剂型。它包括囊壳和囊芯两部分，囊芯是农药有效成分及溶剂，囊壳是成膜的高分子材料。

三、 农药药效

农药毒力是指药剂本身对不同生物发生直接作用的性质和程度，即内在的毒杀能力。一般而言，农药毒力是在相对严格控制的条件下，用精密测试方法及采取标准化饲养的试虫、菌种或杂草等靶标生物而给予药剂的一个量度，作为评价或比较药剂生物活性的一个标准。农药毒力通常采用致死中量（LD_{50}）、致死中浓度（LC_{50}）、抑制／有效中浓度（EC_{50}）等表示，其值越小，则毒力越大。

农药药效是指某种药剂制剂在大田实际使用中对靶标生物的防控效果。衡量农药药效的指标通常有：受害率、虫口减退率、损失率。受害率：施药前后作物受害程度的变化；虫口减退率：施药前后有害生物种群数量的变化；损失率：施药防控后，与对照区（不施药或用标准药剂防控区）作物收获量的变化。

农药药效与其毒力密切相关，农药毒力是药效的基础，但并不等于药效，某种农药的毒力大并不代表其药效一定好。农药药效还受靶标生物发育阶段、农药剂型、施用技术、施药环境等因素的综合影响。

在防治实践中，即使使用同一药剂防治同一种病虫草害时，由于不同地区的环境条件不同，施药时间不同，其防治效果差异很大。这是因为环境因子不仅能影响有害生物的生长发育、行为和各种生理活动，也能影响农药药效的发挥和对作物的安全性。影响农药药效的环境因子主要包括：温度、湿度、降雨、光照、风、土壤等。

温度。温度影响了靶标生物的生理生化、代谢活动，生长发育进程和繁殖。在一定温度范围内，昆虫的生命活动如迁飞、爬行、取食等随温度升高而增强，有利于药剂通过气门进入昆虫体内；一般药剂杀虫活性随温度升高而增强，但也有些药剂具有负温度效应，即杀虫活性随温度升高而降低，如拟除虫菊酯类杀虫剂。

植物的生长发育、气孔开闭、表皮结构均受温度影响。通常情况下，温度较高时，植物生命活动旺盛，药剂的吸收、输导速度加快，药效作用迅速，如敌稗、溴苯腈以及二苯醚类和联吡啶类除草剂高温时杀草作用迅速。但温度过高亦会引起植物叶片萎蔫、卷曲，反而影响药剂的展布和吸附，而且还容易出现药害。

湿度。湿度对杀菌剂、除草剂的应用技术和药效影响较大。适宜的湿度有利于植物生长发育和气孔开张，减少药液雾滴的干燥和挥发，有利于雾滴的展布和吸收。在湿度较高的地区，杂草叶片表面的蜡质层薄，利于除草剂的展布、穿透传导，除草效果好。而在干旱地区，杂草叶片表皮蜡质层厚，茸毛增多，气孔缩小，光合作用和蒸腾作用下降，不利于除草剂的吸收和输导，防效降低。

光照。光照对农药主要有光降解、光稳定和光活化三种作用。例如，杀虫剂辛硫磷在光照下易光解失效，大田喷雾处理，持效期仅1~2天，而做土壤处理则持效期可长达1月以上；甲氨基阿维菌素盐酸盐的光解速度更快，如在夏秋季晴天上午施药，持续期不足1天。杀菌剂敌磺钠对光不稳定，一般采用种子处理来防治种传或土传病害。除草剂氟乐灵具有光不稳定及易挥发的特性，施于土壤后需要混土处理。而有些药剂药效的发挥则需要光照，特别是有些除草剂如三氟羧草醚、氟磺胺草醚等只有在光照下才能充分发挥药效。

风雨。风对药效的影响主要表现在喷粉和喷雾作业时影响粉粒或雾滴的沉积、滞留、展布，以及施药时药剂飘逸到邻近敏感作物导致药害。在浙江省蚕桑养殖区用药时，特别要预防在施药时药剂飘逸到邻近桑树上，从而引起家蚕中毒事故发生。降雨冲刷茎叶喷雾处理时沉积在作物表面的农药，同时对土壤处理的农药和土表沉积农药进行淋溶，极大地影响药效甚至完全失效。因此，施药最好选择在无风、无雨（或者至少施药后4小时不下雨）的情况下施药才能确保药剂防控效果。

土壤。土壤因素对药效的影响主要包括有机质吸附、雨水淋溶及微生物降解等。通常有机质含量高的黏土吸附药剂量较多，有机质含量低的砂土吸附药剂量少，因此在同等剂量下，前者表现出的防效较后者低。农药在土壤中的淋溶作用影响其持留时间，有机质含量高的黏土淋溶性小，有机质含量少的沙土淋溶性大。适当的淋溶性可使除草剂形成一定厚度的药土层，有效地覆盖杂草萌发层，又不至于淋溶到作物种子层，有利于发挥土壤的位差选择作用。而土壤微生物主要通过对药剂的降解来影响药效。

四、 农药施用技术

　　常见的农药施用方法主要有喷雾法、喷粉法、泼浇法、撒施法、土壤处理法、拌种法、种苗浸渍法、涂抹法、毒饵法、熏蒸法等。其中喷雾法和土壤处理是农业生产中最常用的施药技术。

　　喷雾技术是保障病虫草害防控效果的基础。自19世纪80年代末使用手压式喷雾器开始，至今各类手动、机械喷雾装置不断涌现，农药喷雾技术正快速向简单、智能、精准、高效发展。目前农药喷雾主要有正压和负压两种输液方式，喷雾防效不仅与药剂本身有关，也与雾滴大小、喷雾压力、喷头的类型有关。近年来，随着人工智能和新技术的应用，在传统常量喷雾施药技术上出现了静电喷雾施药技术、防飘喷雾施药技术、精准施药技术、烟雾施药技术和航空施药技术等。

（一）静电喷雾施药技术

　　静电喷雾施药技术的关键是使雾滴带电，不同的喷头具有不同的充电方式，目前主要有电晕充电、接触式充电和感应充电三种类型：电晕充电是利用电极尖端高压辉光放电原理，电离周围空气使药液雾滴带电；接触式充电是静电高压电极直接置于液体中，此时液体和大地类似于电容器的两个极板，在"极板"之间产生电场，使雾滴带电；感应充电是利用静电高压装置使环状电极和药液射流之间产生电场，引起感应充电，使雾滴带电，是目前应用较多的充电方式。静电喷雾施药技术有以下两个优点。

一是具有包抄效应、尖端效应、穿透效应，对靶标植物覆盖均匀，沉积量高。在电场力的作用下，雾滴快速吸附到植物的正、反面，深入植株的内部，改善农药沉积的均匀性。有研究结果显示，农药在植物表面上的沉积量比常规喷雾提高36%以上，叶子背面农药沉积量是常规喷雾的几十倍，植物顶部、中部和底部农药沉积量分布均匀性都有显著提高。

二是对水源、环境影响小，降低了农药对环境的污染。静电喷雾施药技术施药量少，且电场力的吸附作用减少了农药的飘移，使农药利用率提高，避免了农药流失，降低了农药对环境的污染。目前，静电喷雾施药技术已经应用到大田、设施、果树作物的病虫害防治中。

（二）防飘喷雾施药技术

1. 罩盖防飘喷雾技术

主要包括气力式罩盖喷雾，通过外加风机产生的气流改变雾滴的运动轨迹，如风帘、风幕、气囊等装置；机械式罩盖喷雾，通过外加罩盖装置，改变雾滴运动轨迹。

2. 风送施药技术

风送施药技术是近年来随农业机械推广应用而快速得以发展的施药技术，基本原理是利用从风机吹出来的高速气流将喷头喷出的雾滴进行二次雾化，形成细小、均匀的雾滴，雾滴在强大的气流带动下作用于靶标作物的一种精准施药技术。风送施药技术具有以下突出特点。

一是以气流作为载体将雾滴吹向靶标作物，减少了细小雾滴的飘移，为实现低量甚至超低量喷雾提供了保障。

二是作业效率高，便于和无人机等智能技术结合，实现自动化喷雾。风送施药技术被国际公认为是一种仅次于传统航空喷雾的高效地面施药技术，同时又是一种自动化程度高、防治效果好、环境污染少的先进施药技术，在农林病虫害防治、温室病虫害防治、草原植保、卫生防疫等方面都有广泛的应用前景。

（三）精准喷雾施药技术

精准喷雾施药技术的核心是获取并利用农田小区域内病虫草害的

差异性，采取高效喷雾技术和变量施药技术，按需施药。目前，在欧美发达国家该技术实现了固定区域的定量施药作业，可以随各区域危害程度及其环境性状不同适当调整农药施用量，避免农药的浪费和环境的污染，具有较好的应用前景。

（四）烟雾施药技术

烟雾施药技术是指把农药分散成烟雾状态的各种施药技术的总称。烟雾施药技术适合于相对封闭空间使用，如温室大棚、粮库，也可以在相对封闭的森林里使用。根据分散方式，可分为热烟雾技术、电热熏蒸技术。

热烟雾技术是利用内燃机排气管排出的废气热能使农药形成烟雾微粒的施药技术。目前，热烟雾技术的配套机具突破了仅能使用油剂剂型农药的限制，可以适用于除粉剂外的大部分农药剂型。

电热熏蒸技术是利用电恒温加热原理，使农药升华、汽化成极其微小的粒子，均匀沉积在靶标的各个位置的施药技术。

（五）航空施药技术

利用飞机或其他飞行器将农药液剂、粉剂、颗粒剂等从空中均匀撒施在目标区域内的施药技术。目前，航空施药技术配套机具主要包括有人驾驶固定翼式施药飞机、植保动力伞施药机、固定三角翼施药机以及单旋翼、多旋翼无人施药机等。无人机施药是近几年施药自动化、精细化和智能化的典型代表。植保无人机主要是通过地面遥控或 GPS 控制来实现喷洒作业，可以喷洒药剂、种子等。与传统植保作业相比，无人机植保作业具有精准、高效、环保、智能化等特点。此外，由于植保无人机体积小，重量较轻，运输方便，飞行操控灵活，对于不同的地块、作物均具有良好的适用性，但目前无人机的操控仍需训练有素的人员。植保无人机按机型结构可分为固定翼无人机、单旋翼无人机、多旋翼无人机。

1. 固定翼无人机

主要用于农田信息采集和农田遥感，具有载量大，飞行速度快，作业效率高等特点。作业时一般采用超低空飞行，距离作物冠层 5~7 米，但对作业区域的地形要求高，一般在开阔的农场里应用较广。

2. 单旋翼无人机

有双桨、三桨 2 种型号，其优点是旋翼大、抗风能力强、飞行稳定、雾化效果好、下旋气流大、穿透力强，农药可以打到农作物的根茎部位，缺点是造价较高，操控难度比较大，对飞手素质要求较高。

3. 多旋翼无人机

有四旋翼、六旋翼、八旋翼、六轴十二旋翼、八轴十六旋翼等机型，多旋翼无人机的优点是造价相对较低、简单易学、短时间即可上手作业；缺点是抗风性能较低，连续作业能力较差，效率不高。

单旋翼和多旋翼无人机的体积、载重均相对较小，操纵灵活，适宜于在较为分散的农田区块内进行作业，在浙江省农村特别是山区半山区植保作业中有较强的实用性。

五、 农药药害

农药药害是指因农药使用不当或漂移等引起作物出现各种病态、生理异常、生长停滞、植株变态、甚至死亡等现象。

（一）常见药害类型

1. 按施药与发生药害的关系分

（1）直接药害。指使用农药不当对当季作物造成的药害。

（2）间接药害。因使用农药不当对下茬作物产生的药害。

2. 按接触农药至出现药害症状的时间长短分

（1）急性药害。症状可在施药后数小时或几天内出现。症状一般是叶面产生各种斑点、穿孔，甚至灼焦枯萎、黄化、落叶等。果实上的药害主要是产生种种斑点或锈斑，影响果品的品质。

（2）慢性药害。症状出现缓慢，常要经过较长时间或多次施药后才能出现。一般在施药后两周或更长时间出现。症状一般为叶片增厚、硬化发脆，容易穿孔破裂；叶片、果实畸形；植株矮化；根部肥大粗短等；或使产品品质下降。

3. 按药害的症状特点分

（1）斑点型药害（接触型药害）。主要表现为叶片上、茎秆或果实表皮，常见有褐斑、黄斑、枯斑、网斑等不同颜色的坏死斑点，甚至部分组织坏死。引起这类药害的药剂可以迅速被表皮细胞吸收，使细胞膜破坏，造成细胞坏死。例如，百草枯、敌草隆等农药引起作物叶片出现红、黄、白色等坏死症状；氟磺胺草醚应用于大豆地时，在高温强光下，叶片上会出现不规则的黄褐色斑块，造成局部坏死；井冈霉素喷洒西瓜苗出现小黄斑；代森锰锌在葡萄幼果期使用易出现果面斑点；敌敌畏易使辣椒叶片出现药渍黄斑。

这种药害斑一般局限在一定范围，不会继续扩大，而且施药后不会产生新的药害斑。一般不会危及施药后长出的新生叶片，对以后的作物生长发育也无明显影响。

（2）畸形药害。作物的各个器官都可能发生这种药害。常见的畸形有卷叶、丛生、根肿、畸形穗、畸形果等。如苯氧羧酸类农药属激素型除草剂，干扰植株体内生长素的正常生理功能，导致分生组织细胞的生长异常，使敏感作物的根茎叶畸形，韧皮部堵塞，木质部破坏，导致植株扭曲、肿胀等。出现药害的作物叶片大小和叶形都发生明显的变化，叶缘有向内卷缩的现象。例如，2甲4氯等在阔叶作物上使用，会出现类似激素引起的柳条叶、鸡爪叶等症状，部分组织异常膨大。致畸形药害对作物的影响持续时间较长，不仅影响苗期的生长，也会影响到拔节、抽穗、开花和果实形成。

（3）褪绿黄化型药害。农药阻碍叶绿素的合成，或阻断叶绿素的光合作用，或破坏叶绿素而导致植株叶片褪绿黄花。常见叶片边缘黄化、黄斑、心叶黄化、叶片褪绿等，是叶片内叶绿体被破坏、叶绿素分解所引起。褪绿症状可以发生在叶片的不同部位，也可整张叶片褪绿。褪绿因农药种类的不同而异，有白化苗、黄化苗等。取代脲类、三氮苯类除草剂是典型的光合作用抑制剂，禾本科、十字花科、葫芦科和豆科作物的根部吸收药剂后，药剂随蒸腾流向茎叶传导。药害首先在植株下部叶片表现症状，如豆科和葫芦科作物沿叶脉出现黄白化等症状，十字花科作物在叶脉间出现黄白化症状。

（4）芽抑制或生长抑制型药害。通常是生长延缓剂、抑制剂、除草剂施用不当出现的药害。作物体内的淀粉酶和蛋白酶的活性受到影响，致使幼芽和幼根的生长受到抑制。具体表现为生长停滞，如酰胺类除草剂（乙草胺、异丙甲草胺、丁草胺等）对敏感作物的药害症状为胚根细弱弯曲、无须根、生长点逐渐变褐，已出土的幼苗心叶扭曲、皱缩，进而变黄死亡；二硝基苯胺类除草剂的作用机制是抑制次生根的生长，使次生根肿大，继而停止生长；矮壮素用量过大引起作物生长停滞；噁霉灵使用浓度过高，易使瓜菜类小苗生长点停滞，叶面喷雾处理易出现叶片皱缩。

磺酰脲类和咪唑啉酮类农药是广泛使用的高活性除草剂，对这两类药剂敏感的作物能够出苗，待植株3~5厘米时生长停止，然后死亡。部分作物生长受到抑制后，随着作物生长，体内药剂被代谢，作物可逐渐恢复生长发育。磺酰脲类除草剂易出现后茬作物的残留药害。

（5）其他药害。除上述几种典型药害症状外，农业生产中常出现枯萎（烧苗）、不孕、落花落叶落果、果实品质下降等药害。

（二）农药药害调查评估

当田间出现疑似药害症状时，要仔细调查典型症状、发生时间、发生部位和严重程度，查询近期用药情况，包括农药种类、使用浓度、施药方式以及施药时作物生育期和天气条件等，有时还要综合考虑前茬作物用药对后茬作物的影响。必要时可以采取小区重复试验或盆栽试验加以验证。

根据不同药剂的药害特点，通常农药药害分为生长抑制剂和触杀型农药两大类，并将这两类农药造成的作物药害分成 0~Ⅳ级，最后统计药害指数进行药害程度评估（表 1-1）。

表1-1　农药药害分级标准

药害分级	生长抑制型	触杀型
0	作物生长正常	作物生长正常
Ⅰ	生长受抑制（不旺、停顿）	叶片1/4枯黄
Ⅱ	心叶轻度畸形，植株矮化	叶片1/2枯黄
Ⅲ	心叶严重畸形，植株明显矮化	叶片3/4枯黄
Ⅳ	全株死亡	叶片3/4枯黄至死亡

注：药害指数（%）= $\dfrac{\sum（各级级数 × 株数）}{调查总株数 × 最高级数} × 100$

同时，由于生产实践中情况复杂，在诊断药害时特别注意排除农药以外的影响因素，如植物病害、缺素等生理性病害以及周边环境污染等。通常情况下，周边环境污染往往通过气流（风）、水流传播而引起的作物受害，因此具有明显区域性和方向性，离污染源越近则受害越重，上风口重于下风口，水流上方重于下方，比较容易与农药药害相区分。农药药害有时与植物病害特别是生理性病害容易混淆，需要仔细甄别。

1. 斑点型

药害分布无规律，轻重不均，斑点大小、形状变化大；生理性病害普遍，斑点部位较一致；真菌性病害有发病中心，斑点形状较一致。

2. 褪绿黄化型

药害往往由黄叶发展成枯叶，晴天黄化产生快，阴雨天黄化产生慢；缺素症黄化常与肥力有关，全地块黄苗表现一致；病毒病导致黄叶常有碎绿状表现，且病株表现系统性症状，在田间病株与健株混生。

3. 畸形型

药害具有普遍性，在植株上表现局部症状；病毒零星发病，表现系统性症状，在叶片上伴有碎绿明脉、皱叶等症状。

4. 枯萎型

药害无发病中心，先黄化，后死株，过程迟缓，输导组织无褐变；病害植株维管束堵塞，蒸发量大时，先萎蔫后失绿死苗，根茎导管常有褐变。

5. 生长缓慢型

有药斑或其他症状；发僵表现根系生长差，缺素症则叶色发黄或暗绿等。

6. 不孕型

药害为全株不孕，有时虽部分结实，但混有其他药害症状；而气候引起的不孕无其他症状，也极少出现全株性不孕现象。

7. 落叶、落花、落果型

药害常伴有其他症状，如产生黄化、枯焦后，再落叶；而后者常与灾害性天气有关，在大风、暴雨、高温时常会出现，栽培因素主要是缺肥或生长过多而引起落花、落果。

总之，农药药害诊断是一项极为复杂而专业性很强的工作。当田间出现疑似药害症状时，应尽早邀请实践经验丰富的专家进行实地勘察调查，正确鉴定分析药害成因、评估药害程度，并采取恰当的补救措施，减少损失。

(三) 农药药害的补救措施

药害的补救措施主要是改善作物的生长条件，促进生长，增强抗逆能力。若施药后短时间内及时发现错用农药，可迅速用大量清水喷洒受药害的作物叶面，反复喷洒清水 2~3 次，尽量把植株表面上的药物洗刷掉，并增施磷钾肥，促进根系发育，以增强作物恢复能力。然后，采取耕作措施，疏松土壤，增加土壤通气性。对产生叶部斑点、植株黄化等药害，可迅速追施尿素等肥料，增加养分可减轻其药害程度。根据作物的长势，补施一些速效的氮、磷、钾肥或其他微肥，此时叶面肥更为适宜。也可喷施适量的植物生长调节剂，促进生长，促进发根。例如，多效唑抑制过重，可喷施赤霉素等；对于出现斑点、变色等症状的作物，可以喷洒芸苔素内酯等缓解药害程度。

第二章　杀虫杀螨剂

　　杀虫剂是指杀死有害昆虫的一种药剂，杀螨剂是用于防除植食性有害螨类的药剂，主要介绍吡丙醚、丁氟螨酯等40种杀虫杀螨剂。

吡丙醚*

英文名称：Pyriproxyfen
其他名称：灭幼宝，蚊蝇醚
主要剂型及含量：100 克 / 升、10% 乳油，5% 水乳剂，10% 悬浮剂，0.5% 颗粒剂，5% 微乳剂

作用机理与特点

吡丙醚是一种保幼激素类似物，属苯醚类昆虫生长调节剂，通过抑制昆虫蜕变和繁殖来控制虫害，并具有杀卵作用，可以抑制胚胎发育及卵的孵化或生成没有生活能力的卵。可抑制蚊、蝇幼虫化蛹和羽化，持效期长达 1 个月左右。低毒，有内吸作用，对作物安全，对生态环境影响小。

防治对象与使用方法

对粉虱、介壳虫和蜚蠊具有特效，可防治同翅目（烟粉虱、温室白粉虱、桃蚜、矢尖蚧、吹绵蚧和红蜡蚧等）、缨翅目（棕榈蓟马）、鳞翅目（小菜蛾、甜菜夜蛾、斜纹夜蛾等）、啮虫目（嗜卷书虱）、蜚蠊目（德国小蠊）、蚤目（跳蚤）、鞘翅目（二十八星瓢虫）等昆虫。广泛应用于水果、蔬菜、棉花和观赏植物，以及公共卫生（如家蝇、蚊子、红火蚁和家白蚁等）害虫和动物寄生虫等的防治。

●蝇幼虫：每平方米养殖禽畜粪便使用 5%水乳剂 2 毫升喷洒。
●孑孓：每平方米用 0.5%颗粒剂 20 克撒施。
●介壳虫：用 100 克 /升乳油 1 000~1 500 倍液喷雾。
●烟粉虱：亩（1 亩 ≈ 667 平方米，全书同）用 100 克 /升乳油 800~1 000 倍液喷雾。

专家点评

◎具有较强的杀卵效果，防治烟粉虱等世代重叠严重的害虫，可与其他药剂复配或混用来增强药效和速效性。

---

* 为国家绿色食品标准允许使用的品种，全书同。

◎对鱼中等毒性，禁止用于鱼塘及养蚕区域，喷洒时防止药雾漂移污染，远离水产养殖区、河塘等水域施药，禁止在河塘等水体中清洗施药器具。

吡虫啉*

英文名称：Imidacloprid
其他名称：蚜虱净，康福多，咪蚜唑，一遍净，艾美乐，高巧
主要剂型及含量：10%、25%可湿性粉剂、70%水分散粒剂，5%、10%乳油，60%悬浮种衣剂等

作用机理与特点

吡虫啉是一种新烟碱类农药，兼具有胃毒和触杀作用，持效期较长，可使害虫中枢神经正常传导受阻，使其麻痹死亡。对刺吸式口器害虫有很好的防治效果。原药常温下贮存稳定。原药对眼有轻微刺激作用，对皮肤无刺激作用。

防治对象与使用方法

主要用于防治刺吸式口器害虫，如蚜虫、飞虱、粉虱、叶蝉等；对缨翅目、鞘翅目、双翅目和鳞翅目的某些害虫，如蓟马、稻象甲、稻负泥虫、金龟子、潜叶蛾等有效，但对线虫和红蜘蛛无效。可用于水稻、小麦、玉米、棉花、马铃薯、蔬菜、甜菜、果树等作物上的害虫防治。

由于它有一定的内吸性，可采用种子处理和撒颗粒剂等方式施药。一般亩用有效成分3~10克，对水喷雾或拌种。

● 烟粉虱：用70%水分散粒剂4 000~5 000倍液喷雾。
● 菜蚜：用10%可湿性粉剂2 000倍液喷雾。
● 麦蚜：用10%可湿性粉剂1 000~1 500倍液喷雾。
● 柑橘潜叶蛾：用10%可湿性粉剂2 000~2 500倍液喷雾。
● 梨木虱：用70%水分散粒剂7 500~10 000倍液喷雾。

专家点评

◎提倡与不同作用机制的杀虫剂轮换使用，以延缓抗性产生。特

别是褐飞虱对吡虫啉的抗性已达极高抗水平，建议暂停使用该药剂防治褐飞虱。

◎对家蚕、蜜蜂和虾类高毒，使用过程中应避免污染养蜂、养蚕场所及相关水源。

◎具有一定的内吸性，可用于种子处理。

◎西瓜、甜瓜苗期对该药剂敏感，不推荐使用。据多年田间试验表明，西瓜瓜蔓长度在1米内，使用该药剂易引起植株滞长。

吡蚜酮 *	英文名称：Pymetrozine 其他名称：顶峰，快电，飞电 主要剂型及含量：25%、50%、60%、70% 可湿性粉剂，50%、60%、70% 水分散粒剂，25% 悬浮剂，70% 种子处理可分散粉剂，6% 颗粒剂，30% 悬浮种衣剂等

作用机理与特点

吡蚜酮属于吡啶类杀虫剂，对多种刺吸式口器害虫有很好的防治效果，能造成害虫口针阻塞，害虫因无法进食而迅速停止为害，并最终饥饿致死。对害虫具有触杀作用，同时还有内吸活性和良好的输导特性。致死效应相对较慢，施用48小时后方可见较多的死虫。

防治对象与使用方法

可用于防治大部分同翅目害虫，尤其是蚜虫、飞虱、粉虱、叶蝉等。适用于蔬菜、水稻、瓜果及多种大田作物。

●稻飞虱：亩用 50% 水分散粒剂 12~20 克对水 30 升喷雾。

●蔬菜蚜虫：用 50% 水分散粒剂 1 500~2 000 倍液喷雾。

●茶小绿叶蝉：用 50% 水分散粒剂 2 500~3 000 倍液喷雾。

专家点评

◎瓜类、莴苣苗期及烟草对该药剂敏感，易产生药害。

◎对鱼低毒和蜜蜂低毒。

虫螨腈 *

英文名称：Chlorfenapyr

其他名称：溴虫腈，除尽，帕力特，专攻

主要剂型及含量：10% 悬浮剂、240克/升悬浮剂，10%、20% 微乳剂等

作用机理与特点

虫螨腈是一种芳基取代吡咯类化合物，具有独特的作用机制，主要干扰害虫呼吸链上的电子传递，影响昆虫体内能量转化。可以防治对氨基甲酸酯类、有机磷类和拟除虫菊酯类杀虫剂产生抗药性的昆虫和螨类。具有胃毒和触杀作用，在植物叶面渗透性强，有一定的内吸作用。

防治对象与使用方法

可防治小菜蛾、菜青虫、甜菜夜蛾、斜纹夜蛾、菜螟、菜蚜、斑潜蝇、蓟马等多种蔬菜害虫。

●小菜蛾、斜纹夜蛾、甜菜夜蛾、银纹夜蛾：低龄幼虫高峰期用240克/升悬浮剂1 000~2 000倍液喷雾。

●菜青虫：低龄幼虫高峰期用240克/升悬浮剂2 000~2 500倍液喷雾。

●梨木虱：低龄幼虫盛发期用240克/升悬浮剂1 250~2 000倍液喷雾。

专家点评

◎傍晚施药更有利药效发挥。

◎属低毒杀虫剂，对眼睛有轻微刺激作用，但对鱼和蜜蜂高毒，应避免污染水源，作物花期慎用。

丁氟螨酯	英文名称：Cyflumetofen 其他名称：金满枝 主要剂型及含量：20% 悬浮剂

作用机理与特点

丁氟螨酯是属于酰基乙腈类非内吸性杀螨剂，主要通过触杀和胃毒作用防治卵、若螨和成螨，其作用机制为抑制线粒体蛋白复合体 Ⅱ、阻碍电子（氢）传递、破坏磷酸化反应，其对不同发育阶段的害螨均有很好防效，安全性好，持效性长，通常成螨在 24 小时内被完全麻痹。

防治对象与使用方法

防治柑橘全爪螨等螨类害虫，可用20%悬浮剂1 500～2 500倍液喷雾。

专家点评

◎该药剂主要以触杀作用为主，喷雾时应使叶片正反两面均匀着药。

◎害螨发生量大时，可与阿维菌素等速效性药剂混用。

◎建议在一个生长季节，使用次数不超过 1 次，以避免害螨产生抗药性。

◎该药剂对家蚕有毒，应远离桑园施药。

◎对鱼和蜜蜂低毒。

啶虫脒 *	英文名称：Acetamiprid 其他名称：莫比朗 主要剂型及含量：3%、5% 乳油，10% 微乳剂， 3%、5%、60%、20% 可湿性粉剂，20% 可溶粉剂， 70% 水分散粒剂，20% 可溶液剂等

作用机理与特点

啶虫脒是高效内吸性氯化烟碱类杀虫剂，作用于害虫乙酰胆碱受体，有较强的触杀、胃毒和渗透作用，持效期20天左右，杀虫速度快，杀虫谱广，可防治蔬菜、果树、玉米和烟草等作物的半翅目、缨翅目、同翅目和鳞翅目等害虫。

防治对象与使用方法

可防治黄瓜蚜虫，白粉虱、苹果蚜、橘蚜、茶小绿叶蝉等。

●黄瓜蚜虫：发生初盛期，用5%乳油1 500~2 000倍液喷雾。

●白粉虱：发生初期，用5%乳油1 000~2 000倍液喷雾。

●苹果蚜虫：在新梢生长期，蚜虫发生初盛期用3%乳油2 000~3 000倍液喷雾。

●柑橘蚜虫：用5%乳油2 000~2 500倍液喷雾。

●烟粉虱、茶小绿叶蝉：用20%可溶液剂2 500~3 000倍液喷雾。

专家点评

◎对家蚕毒性较高，禁止在桑园施用，近桑园周边作物上慎用。

◎不可与强碱性物质（如波尔多液、石硫合剂等）混用。

◎对鱼低毒，对蜜蜂中等毒性。

多杀霉素*

英文名称：Spinosad

其他名称：多杀菌素，菜喜，催杀，燕化朝歌等

主要剂型及含量：2.5%、5%、10%、48% 悬浮剂，2% 微乳剂，3%、4%、8% 水乳剂，20% 水分散粒剂，10% 可分散油悬乳剂等

作用机理与特点

多杀霉素是一种大环内酯类生物杀虫剂，来源于放线菌的生物源农药。主要作用于烟酸乙酰胆碱受体，可竞争性结合到靶标昆虫乙酰胆碱烟碱型受体，但是其结合位点不同于烟碱和吡虫啉。多杀霉素也可以影响GABA受体，但作用机制不清。对害虫具有触杀和胃毒作用，有一定的杀卵作用，对叶片有较强的渗透作用。能有效防治鳞翅目、双翅目、缨翅目、鞘翅目和直翅目的多种害虫，对刺吸式害虫和

螨类的防治效果较差。杀虫效果受下雨影响较大，杀虫速度可与化学农药相媲美。与目前常用杀虫剂无交互抗性为低毒、高效、低残留的生物杀虫剂，对有益虫和哺乳动物安全。

防治对象与使用方法

可防治十字花科蔬菜小菜蛾、菜青虫、甜菜夜蛾、斜纹夜蛾和各类蔬菜蓟马。

●小菜蛾：低龄幼虫盛发期，用2.5%悬浮剂1 000~1 500倍液均匀喷雾，或亩用2.5%悬浮剂33~50毫升对水20~50升喷雾。

●甜菜夜蛾：低龄幼虫期，用2.5%悬浮剂500~1 000倍液喷雾，傍晚施药效果最好。

●蓟马：点状发生期，用2.5%悬浮剂1 000~1 500倍液均匀喷雾，重点在幼嫩组织如花、幼果、顶尖及嫩梢等部位。

专家点评

◎该药剂对刺吸式口器害虫和螨类防效差。

◎喷药后24小时内遇降雨影响药效。

◎对鱼中等毒性，对蜜蜂高毒。

氟吡呋喃酮	英文名称：Flupyradifurone
	其他名称：极显
	主要剂型及含量：17% 可溶液剂

作用机理与特点

氟吡呋喃酮属烯羟酸内酯类杀虫剂，是高选择性杀虫剂，作用于昆虫烟碱乙酰胆碱受体，为昆虫烟碱乙酰胆碱受体（nAChR）激动剂，但与啶虫脒、吡虫啉等的作用位点不同，没有交互抗性。具有内吸、触杀、胃毒和渗透作用。速效性好，持效期长，对环境友好，毒性低。

防治对象与使用方法

可防治蚜虫、粉虱、木虱、叶蝉、介壳虫、甲虫、柑橘木虱、象甲和蓟马等刺吸式口器害虫。

防治番茄烟粉虱：发生初期，用17%可溶液剂1 000~1 500倍液喷雾。

专家点评

◎具高内吸性，施药方式灵活，叶面喷雾、土壤浇灌和滴灌皆可，也可用于种子处理。

◎防治田间烟粉虱等害虫时，应在害虫发生初期时用药，预防用药为主，田间虫口密度大时，要适当提高使用剂量。

◎对鱼低毒，对蜜蜂经口中等毒性、接触低毒。

◎对西甜瓜敏感，不推荐使用。

氟啶虫胺腈*

英文名称：Sulfoxaflor
其他名称：可立施，特福力
主要剂型及含量：50% 水分散粒剂，22% 悬浮剂

作用机理与特点

氟啶虫胺腈属砜亚胺类杀虫剂，作用于昆虫神经系统的烟碱类乙酰胆碱受体（nAChR）内独特的结合位点而发挥作用。可被植物根、茎、叶吸收。高效、快速并且持效期长，能有效防治对烟碱类、菊酯类、有机磷类和氨基甲酸酯类农药的抗性害虫。

防治对象与使用方法

可防治白菜、黄瓜蚜虫，柑橘树矢尖蚧，烟粉虱，棉花盲蝽、葡萄盲蝽象，水稻稻飞虱，桃树桃蚜等刺吸式口器害虫。

●白菜、黄瓜蚜虫：发生始盛期，用22%悬浮剂5 000~10 000倍液喷雾。

●柑橘树矢尖蚧：第一代低龄若虫期始盛期，用22%悬浮剂4 500~6 000倍液喷雾。

●烟粉虱：成虫始盛期或卵孵始盛期，用22%悬浮剂2 500~3 000倍液喷雾。

●葡萄盲蝽象：低龄若虫期，用22%悬浮剂1 000~1 500倍液喷雾。

●水稻稻飞虱：低龄若虫期，亩用22%悬浮剂15~20毫升对水45~60升喷雾。

●桃树桃蚜：用22%悬浮剂5 000~10 000倍液喷雾。

专家点评

◎考虑抗性管理的需要，每季作物周期最多使用2次。

◎在蜜源植物和蜂群活动频繁区域，在施完药剂且作物表面药液彻底干后，才可以放蜂，避免蜜蜂中毒。

◎可被土壤微生物迅速降解，不宜用于土壤处理或拌种使用。

◎对鱼低毒，对蜜蜂和蚯蚓高毒，对家蚕有毒，禁止在蜜源植物花期、蚕室和桑园附近使用。

氟啶虫酰胺 *

英文名称：Flonicamid
其他名称：隆施
主要剂型及含量：20%悬浮剂，10%、20%、50%水分散粒剂

作用机理与特点

氟啶虫酰胺是一种吡啶酰胺类杀虫剂，通过阻碍害虫吮吸作用而起效，与吡蚜酮类似。对蚜虫有很好快速拒食活性，具有内吸性强和较好的传导活性、用量少、活性高、持效期长等特点，与有机磷、氨基甲酸酯和除虫菊酯类农药无交互抗性，并有很好的生态环境相容性。

防治对象与使用方法

主要用于防治刺吸式口器害虫，如蚜虫、稻飞虱、叶蝉、粉虱等。对鞘翅目、双翅目和鳞翅目昆虫和螨类无活性。

●蚜虫：用10%水分散粒剂1 000~1 500倍液喷雾。

●稻飞虱：亩用50%水分散粒剂8~10克，对水45~60升喷雾。

专家点评

◎对家蚕、蜜蜂、异色瓢虫和小钝绥螨等大多数有益节肢动物安全。

◎对鱼和蜜蜂低毒。

◎该药为昆虫拒食剂，因此施药后2~3天肉眼才能看到蚜虫死亡。注意不要重复施药。

高效氯氰菊酯*

英文名称：Beta-cypermethrin

其他名称：高灭灵，三敌粉，卫害净

主要剂型及含量：5%、10%、20% 悬浮剂，4.5% 微乳剂，0.12%、4.5% 水乳剂，5%、8% 可湿性粉剂，2.5%、4.5% 乳油等

作用机理与特点

高效氯氰菊酯属拟除虫菊酯类杀虫剂，非内吸性触杀型杀虫剂，作用于神经系统，通过扰乱钠离子通道功能而起作用。

防治对象与使用方法

能有效地防治鞘翅目和鳞翅目害虫，对直翅目、双翅目、半翅目和同翅目也有较好的防效。

●松毛虫、杨树舟蛾和美国白蛾：在2~3龄幼虫发生期，用4%~5%乳油4 000~8 000倍液喷雾，飞机喷雾每公顷用量60~150毫升。

●成蚊及家蝇成虫：每平方米用4.5%可湿性粉剂0.2~0.4克，加水稀释250倍，进行滞留喷洒。

●蟑螂：在蟑螂栖息地和活动场所每平方米用4.5%可湿性粉剂0.9克，加水稀释250~300倍，进行滞留喷洒。

●蚂蚁：每平方米用4.5%可湿性粉剂1.1~2.28克，加水稀释250~300倍，进行滞留喷洒。

●菜青虫：用4.5%微乳剂1 500~2 000倍液喷雾。

专家点评

◎高效氯氰菊酯中毒后无特效解毒药，施药应注意防护。

◎对鱼及其他水生生物高毒，应避免污染河流、湖泊、水源和鱼塘等水体；对家蚕高毒，禁止用于桑树上；对蜜蜂高毒。

甲氨基阿维菌素苯甲酸盐 *

英文名称：Emamectin benzoate
其他名称：甲维盐
主要剂型及含量：2% 水乳剂，5% 水分散粒剂，0.2%、0.5%、1% 乳油，1%、1.5% 微乳

作用机理与特点

甲氨基阿维菌素属大环内酯类杀虫剂，可增强神经质如谷氨酸和γ-氨基丁酸（GABA）的作用，阻碍害虫运动神经信息传递而使身体麻痹死亡。以胃毒为主兼有触杀作用，无内吸性，极易被作物吸收并渗透到表皮。

防治对象与使用方法

可防治鳞翅目、双翅目、蓟马类高效，如斜纹夜蛾、棉铃虫、烟草天蛾、小菜蛾、菜青虫、黏虫、甜菜夜蛾、草地贪夜蛾、银纹夜蛾、甘蓝银纹夜蛾、菜粉蝶、番茄天蛾、马铃薯甲虫、红蜘蛛、食心虫等。

●棉铃虫：在卵孵化盛期用 1%乳油 800～1 000 倍液喷雾。

●小菜蛾：在卵孵化盛期至幼虫二龄前亩用 1%乳油 1 000～1 500 倍液喷雾。

●甜菜夜蛾：在幼虫二龄期前亩用 1%乳油 1 000～1 500倍液喷雾。

●棉盲蝽：在低龄若虫盛发期亩用 1%乳油 1 000～1 500倍液喷雾。

●桃小食心虫：于桃小食心虫卵孵盛期用 1%乳油 1 000～1 500倍液喷雾。

专家点评

◎对鱼和蜜蜂高毒，不能在池塘、河流等水面用药或让药水流入

水域；使用时应避开蜜蜂采蜜期。

◎甲氨基阿维菌素易光解，在晴天傍晚施药为宜。

甲维·虱螨脲 *

其他名称：普克猛
主要剂型及含量：45% 水分散粒剂

作用机理与特点

甲维·虱螨脲由甲氨基阿维菌素苯甲酸盐和虱螨脲复配而成。虱螨脲具有很强的渗透功能，兼具胃毒和触杀作用，通过阻止昆虫表皮的形成，影响害虫蜕皮，使幼虫死亡，同时具有较好的杀卵作用，也可明显减少其产卵量，降低孵化率，有效降低虫口基数。甲氨基阿维菌素苯甲酸盐通过阻碍害虫运动神经信息传递而使身体麻痹死亡，以胃毒为主兼有触杀作用，无内吸性，极易被作物吸收并渗透到表皮。

防治对象与使用方法

可防治鳞翅目、双翅目、蓟马类高效，如斜纹夜蛾、棉铃虫、烟草天蛾、小菜蛾、菜青虫、黏虫、甜菜夜蛾、草地贪夜蛾、银纹夜蛾、甘蓝银纹夜蛾、菜青虫、番茄天蛾、马铃薯甲虫、红蜘蛛、食心虫、锈壁虱等。

●斜纹夜蛾、甜菜夜蛾、草地贪夜蛾、小菜蛾、菜青虫等。在卵孵高峰期至低龄幼虫始盛期，用 45%水分散粒剂 3 000~5 000 倍液喷雾。

●蓟马、锈壁虱：用 45%水分散粒剂 2 000~3 000 倍液喷雾。

专家点评

◎具有较好的杀卵效果，推荐在卵孵高峰期施药。

◎对作物安全性好，但对鱼和蜜蜂高毒。

◎甲氨基阿维菌素苯甲酸盐易光解，宜在晴天傍晚施药。

甲氰菊酯*

英文名称：Fenpropathrin
其他名称：灭扫利，中西农家庆，农螨丹
主要剂型及含量：10%、20% 乳油，20% 水乳剂，
10% 微乳剂

作用机理与特点

甲氰菊酯属拟除虫菊酯类杀虫剂，杀虫活性高，是一种神经毒剂，具有触杀和胃毒作用，无内吸和熏蒸作用，有一定的驱避作用。残效期较长，对防治对象有过敏刺激作用，驱避其取食和产卵，低温下也能发挥较好的防治效果。杀虫谱广，对鳞翅目、同翅目、半翅目、双翅目、鞘翅目等多种害虫有效，对多种害螨的成螨、若螨和螨卵有一定的防治效果，可用于虫、螨兼治。

防治对象与使用方法

可防治蚜虫、棉铃虫、棉红铃虫、菜青虫、甘蓝夜蛾、桃小食心虫、柑橘潜叶蛾、茶尺蠖、茶毛虫、茶小绿叶蝉、花卉介壳虫、毒蛾等。

● 桃小食心虫：于卵盛期，卵果率达 1% 时用 20% 乳油 2 000~3 000 倍液喷雾，施药次数为 2~4 次，每次间隔 10 天左右。

● 桃蚜、苹果瘤蚜、桃粉蚜：于发生期用 20% 乳油 4 000~10 000 倍液喷雾。

● 柑橘蚜虫：在新梢有蚜株率达 10% 时用 20% 乳油 4 000~8 000 倍液喷雾。

● 山楂、苹果、柑橘红蜘蛛：发生初盛期用 20% 乳油 2 000~3 000 倍液喷雾。

● 柑橘潜叶蛾：在新梢放出初期 3~6 天，或卵孵化期，用 20% 乳油 8 000~10 000 倍液喷雾。

● 小菜蛾、菜青虫：在二龄幼虫发生期用 20% 乳油 2 000~3 000 倍液喷雾。成虫高峰期 1 周以后，幼虫 2~3 龄期为防治适期，用药量及使用方法同小菜蛾。

●温室白粉虱：于若虫盛发期用 20%乳油 2 000~3 000 倍液喷雾。

●二斑叶螨：于成、若螨盛发期用 20%乳油 2 000~3 000 倍液喷雾。

●茶尺蠖、茶毛虫、茶小绿叶蝉：于幼虫 2~3 龄前用 20%乳油 8 000~10 000 倍液喷雾。

●花卉介壳虫、榆三金花虫、毒蛾、刺蛾：在幼虫发生期用 20%乳油 2 000~8 000 倍液喷雾。

专家点评

◎施药应在早晚气温低、风小时进行，晴天上午 8 时至下午 5 时，空气相对湿度低于 65%，温度高于 35℃时应停止施药。

◎气温低时使用更能发挥其药效。

◎施药要避开蜜蜂采蜜季节及蜜源植物，不要在池塘、水源、桑田、蚕室近处喷药。

◎可与有机磷等其他杀虫剂、杀螨剂轮换使用或混合使用。

◎对鱼和蜜蜂高毒。

甲氧虫酰肼*

英文名称：Methoxyfenozide
其他名称：美满，雷通
主要剂型及含量：240 克/升悬浮剂

作用机理与特点

甲氧虫酰肼是双酰肼类杀虫剂，低毒，为一种非固醇型结构的蜕皮激素，模拟天然昆虫蜕皮激素——20-羟基蜕皮激素，激活并附着蜕皮激素受体蛋白，促使鳞翅目幼虫在成熟前提早进入蜕皮过程而又不能形成健康的新表皮。幼虫摄食 6~8 小时后，即停止取食，不再为害作物，并产生异常蜕皮反应，导致幼虫脱水、饥饿而死亡。对高龄和低龄幼虫均有效，持效期较长。在推荐用量下对作物安全，不易产生药害。

防治对象与使用方法

可用于防治各种蔬菜、果树、苗木、水稻等鳞翅目害虫。

●棉铃虫、烟青虫：卵孵盛期亩用 240 克 / 升悬浮剂 1 500~2 000 倍液喷雾。

●二化螟：防治二化螟造成的枯鞘和枯心苗，在卵孵化高峰前 2~3 天施药；防治虫伤株、枯孕穗和白穗，在卵孵化始盛期至高峰期施药，亩用 240 克 / 升悬浮剂 30~50 毫升对水 50~100 升喷雾。

●小卷叶蛾：用 240 克 / 升悬浮剂 3 000~5 000 倍液喷雾。

●苹果蠹蛾、小食心虫等：成虫产卵前或蛀果前，亩用 240 克 / 升悬浮剂 20~25 毫升对水喷雾，10~18 天后再喷 1 次。

●甜菜夜蛾、斜纹夜蛾：卵孵盛期或低龄幼虫期，亩用 240 克 / 升悬浮剂 2 000~2 500 倍液喷雾。

专家点评

◎施药应掌握在卵孵盛期或害虫发生初期。

◎该药剂选择性强，只对鳞翅目幼虫有效。

◎对鱼和蜜蜂中毒。

腈吡螨酯

英文名称：Cyenopyrafen
主要剂型及含量：30% 悬浮剂

作用机理与特点

腈吡螨酯为新型丙烯腈类触杀型杀螨剂，有良好的选择性。作用于线粒体电子传导系统的复合体 II，阻碍从琥珀酸到辅酶 Q 的电子流，从而搅乱叶螨类的细胞内呼吸作用。与现有的主流杀虫剂无交互抗性，可用于防治果树、柑橘、茶树、蔬菜等作物上各类害螨。

防治对象与使用方法

主要防治果树上的红蜘蛛和二斑叶螨。红蜘蛛、二斑叶螨发生始盛期，用 30% 悬浮剂 2 000~3 000 倍液喷雾。

专家点评

◎使用该药剂后的苹果至少间隔14天收获，每季最多使用2次。

◎对鱼高毒，对蜜蜂中毒。

精高效氯氟氰菊酯

英文名称：Lambda-cyhalothrin

其他名称：安绿丰

主要剂型及含量：1.5% 微囊悬浮剂

作用机理与特点

精高效氯氟氰菊酯是新一代高效、广谱性拟除虫菊酯类杀虫剂。具有击倒速度快，持效期长等特点，可以有效控制果树、蔬菜等经济作物上的鳞翅目害虫。

防治对象与使用方法

可用于防治蔬菜、果树等作物上菜青虫、桃小食心虫等鳞翅目害虫。防治甘蓝菜青虫、苹果树桃小食心虫：在低龄幼虫发生初期至始盛期，用1.5%微囊悬浮剂1 500~2 000倍液喷雾。

专家点评

该药剂对蜜蜂、家蚕以及鱼等水生生物高毒，开花植物花期、蚕室和桑园附近禁用；养殖鱼或蟹的稻田禁用。

联苯·噻虫胺

其他名称：家保福

主要剂型及含量：1% 颗粒剂

作用机理与特点

联苯·噻虫胺具有极强的内吸性，同时兼有触杀和胃毒作用，对黄条跳甲害虫具有很好的防治效果，对作物安全且有明显的促长和增产作用。

防治对象与使用方法

主要用于防治黄条跳甲，亩用 1% 颗粒剂 4~5 千克撒施。

专家点评

◎ 该药剂若在直播甘蓝（十字花科）上使用，应在播种前或在出苗后全田撒施或穴施，然后播种浇水。施药后保持一定的土壤湿度，以利于药效充分发挥。

◎ 不宜与碱性农药或物质混用。

◎ 该药剂在土壤中的移动性较低，必须与土壤充分混均。

◎ 施药后须浇水，保持一定的土壤墒情以利于有效成分的释放。

联苯菊酯

英文名称：Bifenthrin
其他名称：天王星
主要剂型及含量：25 克 / 升、100 克 / 升乳油，5%、4.5% 水乳剂，10%、0.5% 悬浮剂，2.5% 微乳剂，10% 微囊悬浮剂

作用机理与特点

联苯菊酯属除虫菊酯类杀虫杀螨剂。具有触杀、胃毒作用，作用较迅速，持效期较长，无内吸、熏蒸作用。用于虫、螨并发时，省时省药。

防治对象与使用方法

可用于茶叶、果树、蔬菜等作物上防治鳞翅目幼虫、粉虱、蚜虫、叶蝉、叶螨等。

● 茶尺蠖、茶毛虫：用 25 克 / 升乳油 1 250~2 500 倍液喷雾。

● 茶小绿叶蝉：用 100 克 / 升乳油 2 000~2 500 倍液喷雾。

● 桃小食心虫：用 100 克 / 升乳油 3 300~5 000 倍液喷雾。

专家点评

◎勿与碱性农药混合使用。

◎对哺乳动物表现出高度的口服毒性，并且是内分泌干扰物和神经毒物。对鸟类，大多数水生生物、蜜蜂和蚯蚓有毒，其中对鱼和蜜蜂高毒。

联苯肼酯*

英文名称：Fenazaquin

其他名称：爱卡螨

主要剂型及含量：24%、43%、50% 悬浮剂，50% 水分散粒剂

作用机理与特点

联苯肼酯作用于螨类中枢神经传导系统的 γ-氨基丁酸（GABA）受体。对螨的各个生活阶段有效，具有杀卵活性和对成螨的击倒活性（48~72小时），且持效期长。持效期14天左右，推荐使用剂量范围内对作物安全。对寄生蜂、捕食螨、草蛉低风险。

防治对象与使用方法

防治红蜘蛛、二斑叶螨等螨类，用 43% 悬浮剂 2 000~3 000 倍液喷雾。

专家点评

◎对鱼和蜜蜂中等毒性。

◎注意交替轮换用药，延缓抗性产生。

螺虫乙酯 *

英文名称：Spirotetramat

其他名称：亩旺特

主要剂型及含量：240 克 / 升悬浮剂

作用机理与特点

螺虫乙酯是季酮酸类化合物，抑制害虫乙酰辅酶 A 羧化酶的活性，干扰害虫脂肪合成、阻断能量代谢而起作用。与拜耳（Bayer）公司的杀虫杀螨剂螺螨酯（spirodiclofen）和螺甲螨酯（spiromesifen）属同类化合物。螺虫乙酯高效广谱，持效期长达 8 周，内吸性较强，可在植株体内上下传导。对重要益虫如瓢虫、食蚜蝇和寄生蜂具有良好的选择性。

防治对象与使用方法

可用于蔬菜、棉花、大豆、柑橘、果树、葡萄等作物，有效防治各种刺吸式口器害虫，如蚜虫、蓟马、木虱、粉蚧、粉虱和介壳虫等。

● 柑橘树介壳虫：用 240 克 / 升悬浮剂 4 000~5 000 倍液喷雾。

● 柑橘树红蜘蛛：用 240 克 / 升悬浮剂 4 000~5 000 倍液喷雾。

● 苹果棉蚜：用 240 克 / 升悬浮剂 3 000~4 000 倍液喷雾。

● 柑橘木虱、梨木虱：用 240 克 / 升悬浮剂 4 000~5 000 倍液喷雾。

● 烟粉虱：用 240 克 / 升悬浮剂 2 000~2 500 倍液喷雾。

专家点评

◎ 具有双向内吸传导能力，独特的内吸传导作用有利于提高对害虫（螨）的防治效果。

◎ 持效期长，特别适用于世代重叠的害虫防治。

◎ 杀虫谱广，对天敌安全，与环境兼容性好，适合害虫综合防治。

◎ 对鱼中毒，对蜜蜂低毒。

螺螨酯*

英文名称：Envidor
其他名称：螨危，螨威多
主要剂型及含量：240克/升悬浮剂，34%悬浮剂，15%水乳剂

作用机理与特点

螺螨酯为季酮酸类非内吸性杀螨剂，兼具胃毒和触杀作用。主要通过抑制害螨体内脂肪的合成，阻断能量代谢，与常规杀螨剂无交互抗性。对害螨卵、若螨和雌成螨均具有良好的防效，特别杀卵效果突出，持效期长。

防治对象与使用方法

可防治农业生产上的多种害螨。

●柑橘全爪螨：用240克/升悬浮剂8 000倍液喷雾。

●朱砂叶螨（红蜘蛛）、四斑叶螨、茶黄螨等：用240克/升悬浮剂4 000~5 000倍液均匀喷雾。

专家点评

◎对二斑叶螨防治效果不理想，不推荐使用。

◎该药剂通过触杀作用防治害螨的卵、幼若螨和雌成螨，没有内吸性，施药时要尽可能喷雾均匀，确保药液喷施到叶片正反两面及果实表面，特别是叶背，最大限度地发挥其药效。

◎建议在害螨为害前期施用，以便充分发挥其持效期长的特点。

◎如田间成螨数量多，建议与阿维菌素等速效性好、残效短的杀螨剂混合使用，既能快速杀死成螨，又能长时间控制害螨虫口数量的恢复。

◎建议避开果树开花时用药，不得与强碱性农药与铜制剂混用。

◎对鱼高毒，对蜜蜂低毒。

氯虫苯甲酰胺*

英文名称：Chlorantraniliprole
其他名称：康宽，普尊，优福宽，奥得腾
主要剂型及含量：5% 悬浮剂、200 克 / 升悬浮、35% 水分散粒剂、0.01%、0.03% 颗粒剂

作用机理与特点

氯虫苯甲酰胺为酰胺类新型杀虫剂，可激活昆虫细胞内的鱼尼丁受体并与之结合，导致该受体通道非正常长时间开放，从而过度释放细胞内的钙离子，导致昆虫肌肉麻痹，最后瘫痪死亡。它的主要作用途径是胃毒和触杀，在接触到药物后几分钟内害虫即停止取食，在 3 天内死亡。持效期可达 15 天，还具有很强的渗透作用和耐雨水冲刷能力。

防治对象与使用方法

可用于防治大多数食叶和钻蛀性鳞翅目害虫。

●稻纵卷叶螟、二化螟、三化螟：亩用 20% 悬浮剂 10~15 毫升对水 30~45 升喷雾。

●稻水象甲：亩用 20% 悬浮剂 6.67~13.3 毫升对水 30~45 升喷雾。

●二点委夜蛾：亩用 20% 悬浮剂 7~10 毫升对水 30~45 升喷雾。

●玉米螟、豆荚螟：用 5% 悬浮剂 800~1 000 倍液喷雾。

●黏虫：亩用 20% 悬浮剂 10~15 毫升对水 30~45 升喷雾。

●棉铃虫、甜菜夜蛾、斜纹夜蛾等：用 5% 悬浮剂 750~1 000 倍液喷雾。

●豆野螟：用 5% 悬浮剂 1 000 倍液喷雾。

●甘蔗蔗螟：亩用 20% 悬浮剂 15~20 毫升对水 30~45 升喷雾。

专家点评

◎田间作业中用弥雾或细喷雾效果更好。早上 10 点前或下午 4 点后用药，有利提高防治效果。

◎禁止在桑树上使用，在桑园周边作物上使用时须谨慎用药，防

止药液污染桑叶，导致家蚕中毒。

◎对传粉性昆虫（蜜蜂等）、寄生天敌、捕食天敌以及鱼、虾等水生生物低毒。

◎由于浙江省一些地区用药不规范，长期连续用药，导致二化螟、甜菜夜蛾和斜纹夜蛾等主要害虫对此药已产生抗药性。一旦发现该药防治效果不佳或药效下降快，应立即更换其他替代药剂品种。

氯虫·噻虫嗪*

其他名称：福戈、度锐
主要剂型及含量：40% 水分散粒剂、300克/升悬浮剂

作用机理与特点

氯虫·噻虫嗪为氯虫苯甲酰胺和噻虫嗪的复配剂，具有胃毒作用，前者对螟虫等鳞翅目害虫活性高，后者对飞虱等同翅目害虫杀灭效果好，两者混合后能大幅提高对方的活性，对稻纵卷叶螟有特效。具有良好的内吸传导性，一次施药持效期为14~21天，可以减少用药次数，降低生产成本，减少劳动时间。保护害虫天敌，特别是对水生生物安全。

防治对象与使用方法

可防治水稻鳞翅目和同翅目害虫，另外，对鞘翅目、双翅目、半翅目、直翅目等害虫也有较好的防效。

●水稻秧苗期稻蓟马、稻飞虱、稻纵卷叶螟、二化螟、大螟：移栽前3~5天用40%水分散粒剂4克对水15升喷雾。

●稻纵卷叶螟：在卵孵化高峰至二龄幼虫期，亩用40%水分散粒剂10~12克对水30~45升叶面喷雾。

●二化螟、大螟：在二龄幼虫以前（水稻枯鞘初期），亩用40%水分散粒剂12~15克全株喷雾，每亩药液量不少于30升。

●稻水象甲：在发生初期（水稻移栽后1~2周内），亩用40%水分散粒剂10~12克对水30~45升叶面喷雾。

●玉米螟：在卵孵化高峰至二龄幼虫期对准大喇叭口喷雾，亩用40%水分散粒剂 12~15 克对水 30~45 升。

●甘蔗螟虫：亩用 300 克/升悬浮剂 30~50 毫升，拌土或者拌肥撒施。

专家点评

◎施用该药剂后，害虫并不马上死亡，但很快就停止对水稻的为害，无须补喷。水稻秧苗期用药，移栽后返青快，根系多，茎秆粗壮。

◎由于该药剂对多种害虫有效，建议用在水稻各种害虫混发的田块，特别适用病虫综合防治区使用。施药适期以卵孵盛期至低龄幼虫高峰期防治最佳。

氰氟虫腙*

英文名称：Metaflumizone
其他名称：艾法迪
主要剂型及含量：22%、33% 悬浮剂

作用机理与特点

氰氟虫腙属缩氨基脲类杀虫剂，通过附着在钠离子通道的受体上，阻碍钠离子通行，进而抑制神经冲动使虫体过度的放松、麻痹，几个小时后害虫即停止取食，1~3 天内死亡。与菊酯类或其他类的化合物无交互抗性。主要是胃毒作用，触杀作用较小，无内吸作用。该药对于各龄期的靶标害虫都有较好的防治效果。对水生生物低毒，对哺乳动物的眼睛、皮肤无刺激性，对蜜蜂、鸟类低毒。

防治对象与使用方法

可有效防治稻纵卷叶螟、斜纹夜蛾、甜菜夜蛾等鳞翅目害虫和黄曲条跳甲、马铃薯叶甲等鞘翅目害虫。

●稻纵卷叶螟：在低龄幼虫始盛期，亩用 24% 悬浮剂 30~50 毫升对水 30~45 升进行细喷雾，重点保护水稻上三叶。

●斜纹夜蛾、甜菜夜蛾：在低龄幼虫始盛期，亩用 22% 悬浮剂

600~800倍液喷雾，可兼治小菜蛾、菜青虫等。

●黄条跳甲、猿叶甲：在成虫始盛期，用22%悬浮剂500~600倍液喷雾。

专家点评

◎由于稻纵卷叶螟、斜纹夜蛾、甜菜夜蛾等靶标害虫均以夜间为害为主，因此傍晚施药防治效果更佳。

◎具有良好的耐雨水冲刷性，在喷施后1小时后就具有明显的耐雨水冲刷效果。但施药后1小时内若遇大雨应重新喷雾防治。

噻虫胺

英文名称：Thiacloprid
其他名称：根卫
主要剂型及含量：0.5% 颗粒剂，50% 水分散粒剂，20% 悬浮剂

作用机理与特点

噻虫胺为新烟碱类杀虫剂，具有良好的内吸和传导性能，同时具有触杀和胃毒功能。对作物安全且有明显的促长和增产作用。

防治对象与使用方法

对同翅目害虫飞虱、蚜虫、木虱等，甘蓝黄条跳甲等多种害虫具有很好的防治效果。

●黄条跳甲：十字花科蔬菜播种前亩用 0.5%颗粒剂 4~5 千克拌土穴施。

●蔗螟：甘蔗摆种后，将 0.5%颗粒剂 3~5 千克均匀撒施于种植沟内，施药后覆土。

●烟粉虱：在发生初期，用 50%水分散粒剂稀释 5 000~6 000 倍液喷雾。

专家点评

◎该药剂若在直播甘蓝上使用，应在播种前或在出苗后全田撒施

或穴施，然后播种浇水。

◎施药后保持一定的土壤墒情，以利于药效充分发挥。

◎对鱼低毒，对蜜蜂中毒，不宜在蜂场、桑园和蜜源作物附近使用。

噻虫啉 *

英文名称：Thiacloprid
主要剂型及含量：2%、3% 微囊粉剂，40% 悬浮剂，2% 微囊悬浮剂，25%、36% 水分散粒剂

作用机理与特点

噻虫啉属吡啶类杀虫剂，主要作用于昆虫神经接合后膜，通过与烟碱乙酰胆碱受体结合，干扰昆虫神经系统正常传导，引起神经通道的阻塞，造成乙酰胆碱的大量积累，从而使昆虫异常兴奋，全身痉挛、麻痹而死。具有较强的内吸、触杀和胃毒作用，既可用于茎叶处理，也可以进行种子处理。

防治对象与使用方法

对蚜虫、叶蝉、粉虱等刺吸口器害虫有优异的防效，对天牛有较高活性，对马铃薯甲虫、苹花象甲、稻象甲等各种甲虫也有一定的防效。

●天牛：在羽化盛期，用40%悬浮剂3 000~4 000倍液进行林间喷雾。

●蚜虫、叶蝉、粉虱：在发生初期，用40%悬浮剂3 000~5 000倍液喷雾。

●稻飞虱：在低龄若虫期或卵孵化盛期，亩用40%悬浮剂14~18毫升对水45~60升喷雾。

专家点评

◎该药剂是防治刺吸式和咀嚼式口器害虫的高效药剂之一。对天牛有特效，是当前防治天牛的重要药剂。

◎与常规杀虫剂如拟除虫菊酯、有机磷类和氨基甲酸酯类没有交

互抗性，因而可用于抗性治理。

◎在土壤中半衰期短，对鸟类、鱼和多种有益节肢动物安全。

◎对鱼和蜜蜂中毒。

噻虫嗪*

英文名称：Thiamethoxam
其他名称：阿克泰，锐胜
主要剂型及含量：25%、70% 水分散粒剂，70% 种子处理可分散粉剂，12%、21% 悬浮剂，0.12% 颗粒剂，3% 缓释粒，10% 种子处理微囊悬浮剂，16%、40% 悬浮种衣剂，30% 种子处理悬浮剂，25% 可湿性粉剂，1% 饵剂

作用机理与特点

噻虫嗪是一种全新结构的第二代烟碱类高效低毒杀虫剂，其作用机理与吡虫啉相似，可选择性抑制昆虫中枢神经系统烟酸乙酰胆碱酯酶受体，进而阻断昆虫中枢神经系统的正常传导，造成害虫出现麻痹死亡。具有触杀、胃毒、内吸活性。与吡虫啉、啶虫脒、烯啶虫胺无交互抗性。既可用于茎叶处理、种子处理，也可用于土壤处理。主要用于叶面喷雾及土壤灌根处理。其施药后迅速被内吸，并传导到植株各部位。

防治对象与使用方法

对鞘翅目、双翅目、鳞翅目，尤其是同翅目害虫有高活性，可有效防治各种蚜虫、叶蝉、飞虱类、粉虱、金龟子幼虫、马铃薯甲虫、线虫、地面甲虫、潜叶蛾等害虫。适宜作物为水稻、甜菜、油菜、马铃薯、棉花、菜豆、果树、花生、向日葵、大豆、烟草和柑橘等。

●稻飞虱：在若虫发生初盛期亩用 25% 水分散粒剂 1.6~3.2 克对水 50 升喷雾。

●蚜虫：用 70% 水分散粒剂 8 000~10 000 倍液喷雾。

●瓜类白粉虱：用 25% 水分散粒剂 2 500~5 000 倍液喷雾。

●棉花蓟马：用 25%水分散粒剂 2 000～4 000 倍液喷雾。

●梨木虱：用 25%水分散粒剂 10 000 倍液喷雾。

●柑橘潜叶蛾：用 25%水分散粒剂 3 000～4 000 倍液喷雾。

专家点评

◎害虫停止取食后，死亡速度较慢，通常在施药后 2～3 天出现死虫高峰期。

◎内吸性强，对蚜虫、飞虱等对刺吸式口器的害虫防效理想。

◎在推荐剂量下使用对作物安全，对蜜蜂高毒，对鱼低毒。

噻虫·高氯氟*

其他名称：阿立卡、普格
主要剂型及含量：22% 微囊悬浮剂

作用机理与特点

噻虫·高氯氟是由噻虫嗪和高效氯氟氰菊酯两种作用机制完全不同的杀虫剂的复配而成。高效氯氟氰菊酯具有触杀和胃毒作用，药效作用迅速，持效期长。噻虫嗪是第二代新烟碱类杀虫剂，具有胃毒和触杀活性，内吸性强。两者混配可同时防治刺吸式和咀嚼式口器害虫，提高防效，也有利于延缓抗性的发展。

防治对象与使用方法

可有效防治多种作物的刺吸式和咀嚼式口器害虫。

●大豆造桥虫、蚜虫：亩用 22%微囊悬浮剂 4～6 毫升对水 30～45升喷雾。

●马铃薯蚜虫：亩用 22%微囊悬浮剂 5～10 毫升对水 30～60升喷雾。

●甘蓝蚜虫：亩用 22%微囊悬浮剂 5～15 毫升对水 45～60升喷雾。

●茶树尺蠖、茶小绿叶蝉：亩用 22%微囊悬浮剂 5～9 毫升对水 45～75升喷雾。

●辣椒白粉虱：亩用 22%微囊悬浮剂 5～10 毫升对水 45～60升喷雾。

●小麦蚜虫：亩用 22% 微囊悬浮剂 4~6 毫升对水 30~45 升喷雾。

●烟草蚜虫、烟青虫：亩用 22% 微囊悬浮剂 5~10 毫升对水 30~45 升喷雾。

●棉花棉蚜、棉铃虫：亩用 22% 微囊悬浮剂 5~10 毫升对水 45~60 升喷雾。

●苹果蚜虫：22% 微囊悬浮剂 5 000~10 000 倍液喷雾，亩用水量为 200~300 升。

专家点评

◎该药剂采用微囊悬浮技术，有利于提高杀虫效果和持效期。

◎在推荐剂量下使用对作物安全，但对蜜蜂、家蚕以及鱼等水生生物高毒，开花植物花期、蚕室和桑园周边以及养殖鱼或蟹的稻田禁用。

三氟苯嘧啶

英文名称：Triflumezopyrim
其他名称：佰靓珑
主要剂型及含量：10% 悬浮剂

作用机理与特点

三氟苯嘧啶是新型介离子类或两性离子类杀虫剂，亦为新型嘧啶酮类化合物，能抑制而非激活烟碱乙酰胆碱受体。持效期长、作用速度快、对天敌安全，并可显著提升水稻产量和品质。具有内吸传导性，叶面喷雾和土壤处理皆可，通过土壤处理可以让根部吸收并向上传导；具有良好的渗透性，耐雨水冲刷。

防治对象与使用方法

主要用于防治水稻稻飞虱，在低龄若虫高峰期，亩用 10% 悬浮液 16 毫升，对水 45~60 升喷雾。

专家点评

◎三氟苯嘧啶在被水稻内吸后自下往上传导，田间施药要用足水量，使药液能到达水稻基部，从而保证药效的充分发挥。

◎三氟苯嘧啶持效期长，可在稻飞虱主害代前一代使用，每季使用1次即可，避免在水稻生殖生长期内施药。每年最多使用2次。

◎对鱼低毒，对蜜蜂高毒。

虱螨脲 *

英文名称：Lufenuron
其他名称：美除
主要剂型及含量：5% 乳油

作用机理与特点

虱螨脲属新一代取代脲类杀虫剂，通过抑制害虫几丁质的合成，阻止昆虫表皮的形成，影响害虫蜕皮，使害虫死亡。具有很强的渗透功能，兼具胃毒和触杀作用，具有较好的杀卵作用，不能杀死成虫，但可明显减少其产卵量，降低孵化率，有效降低虫源。

防治对象与使用方法

可有效防治鳞翅目害虫，对蓟马、锈壁虱也有独特效果。

●小卷叶蛾、潜夜蛾、苹果锈壁虱等：用5%乳油1 000~2 000倍液喷雾。

●斜纹夜蛾、甜菜夜蛾、花蓟马、棉铃虫、烟青虫、小菜蛾、菜青虫等：用5%乳油1 500~2 000倍液喷雾。

专家点评

◎对鳞翅目害虫有出色的防效，对蓟马、锈壁虱、有独特的杀灭机理，适于防治对合成除虫菊酯和有机磷农药产生抗性害虫。

◎对卵有效，可减少成虫产卵量。

◎耐雨冲刷，喷后15分钟后下雨不影响药效。

◎对鱼中毒，对蜜蜂低毒。

双丙环虫酯

英文名称：Afidopyropen
其他名称：英威
主要剂型及含量：50克/升可分散液剂

作用机理与特点

双丙环虫酯为丙烯类（pyropenes）化合物，通过干扰昆虫弦音器的功能，导致昆虫对重力、平衡、声音、位置和运动等失去感应，使昆虫耳聋、丧失协调和方向感，进而不能取食、失水，最终饥饿而死。该药剂是一种全新的防治刺吸式口器害虫的杀虫剂，具有起效快、高效、广谱等特点。持效期长，对害虫的多种虫态有效，但对卵无效。其剂型独特，具有优秀的叶片渗透能力，耐雨水冲刷。

防治对象与使用方法

主要防治蚜虫、粉虱等刺吸式口器害虫。防治蚜虫，可用5%可分散液剂12 000~20 000倍液喷雾。

专家点评

◎该药剂与现有杀虫剂不存在交互抗性，特别适用于防治易产生抗性的害虫如桃蚜、棉蚜，是一种全新的轮换和混配药剂。

◎该药剂具有卓越的跨膜传导活性，具有向下传导和向上传导的双向传导功能，使得上部和下部的害虫都能得到控制。

◎对哺乳动物、鱼、鸟类、捕食性昆虫低毒，对蜜蜂低毒，对非靶标节肢动物（如捕食螨、寄生蜂、草蛉、赤眼蜂、瓢虫等）安全。

四聚乙醛 *

英文名称：Metaldehyde
其他名称：密达，灭旱螺，梅塔，蜗牛敌
主要剂型及含量：6%、10%、15% 颗粒剂，80%
可湿性粉剂，20% 悬浮剂

作用机理与特点

四聚乙醛具有触杀和胃毒活性的杀软体动物剂。通过螺体吸食或接触到药剂后，促使螺体大量释放乙酰胆碱酯酶，破坏螺体内特殊的黏液，使其大量失水而在短时间内死亡。

防治对象与使用方法

主要用于防治福寿螺、蜗牛、蛞蝓等软体动物。

●蜗牛：在旱地亩用 6%颗粒剂 400~550 克撒施或点施、条施，或用 80%可湿性粉剂 1 500~2 000 倍液喷雾；在水田亩用 6%颗粒剂 400~550 克撒施，保持 2~5 厘米水位 3~7 天。

●钉螺：于钉螺发生期，每平方米用 20%悬浮剂 10~20 克喷洒滩涂、沟渠等处。

专家点评

◎对鱼等水生生物较安全，也不被植物体吸收，不会在植物体内积累，但仍应避免过量使用污染水源，造成水生动物中毒。

◎不能与酸性物质混用；不宜与化肥、农药混合使用。

◎对鱼中毒，对蜜蜂低毒。

辛硫磷 *

英文名称：Phoxim
其他名称：倍腈松，肟硫磷，肟硫磷乳油
主要剂型及含量：15%、40%、50% 乳油，0.3%、3%、5% 颗粒剂，20% 微乳剂

作用机理与特点

辛硫磷属硫代磷酸酯类杀虫、杀螨剂。是胆碱酯酶抑制剂，高效、低毒、低残留、广谱。对害虫具有强烈的触杀和胃毒作用，对卵也有一定的杀伤作用，无内吸作用，击倒力强，药效时间不持久，对鳞翅目幼虫很有效。在田间因对光不稳定，很快分解，残留危险小，但在土壤中较稳定，残效期可达 1 月以上，尤其适用于做土壤处理，杀灭地下害虫。

防治对象与使用方法

目前主要用于防治地下害虫、贮粮害虫和卫生害虫。

●地下害虫：用 50% 乳油 100~165 毫升，对水 5~7.5 升，拌种处理，或亩用 5% 颗粒剂 4~8 千克沟施，或用 50% 乳油 1 000 倍液灌浇和灌心。

●米象、拟谷盗等贮粮害虫：将辛硫磷配成 1.25~2.5 毫克 / 千克药液均匀拌粮后堆放。

●卫生害虫：用 50% 乳油 500~1 000 倍液喷洒家畜厩舍。

专家点评

◎不能与碱性物质混合使用。

◎十字花科蔬菜幼苗易产生药害，黄瓜、菜豆、西瓜、高粱等对该药较敏感，应避免药剂接触上述作物。

◎辛硫磷见光易分解，所以田间使用最好在夜晚或傍晚使用，颗粒剂沟施后及时覆土。

◎对鱼中毒。

溴氰虫酰胺 *

英文名称：Cyantraniliprole
其他名称：倍内威
主要剂型及含量：10% 可分散油悬浮剂，10% 悬浮剂

作用机理与特点

溴氰虫酰胺是继氯虫苯甲酰胺之后的第二代鱼尼丁受体抑制剂类杀虫剂。杀虫谱极广，既能防治咀嚼式口器害虫又能防治刺吸式、锉吸式和舐吸式口器害虫的多谱型杀虫剂。可分散油悬浮剂的剂型设计，增强了对叶片的渗透性和局部内吸传导能力，能够在几分钟内阻止害虫取食，减少害虫对叶片和果实的为害，并降低病毒病的传播，从而有效保证作物的产量和品质。早期施药，可降低外界胁迫，显著提高丰产几率。

防治对象与使用方法

可防治二化螟、三化螟，蓟马，甜菜夜蛾、斜纹夜蛾、小菜蛾、菜青虫、棉铃虫，美洲斑潜蝇，烟粉虱，蚜虫等。

● 二化螟、三化螟：亩用 10% 可分散油悬浮剂 20~26 毫升，对水 45~60 升喷雾。

● 豆野螟、豆荚螟、蓟马：用 10% 可分散油悬浮剂 1 500~2 000 倍液喷雾。

● 甜菜夜蛾、斜纹夜蛾、小菜蛾、菜青虫、棉铃虫、美洲斑潜蝇：用 10% 可分散油悬浮剂 2 000~2 500 倍液喷雾。

● 烟粉虱、黄曲条跳甲：用 10% 可分散油悬浮剂 800~1 000 倍液喷雾。

● 蚜虫：用 10% 可分散油悬浮剂 1 000~1 500 倍液喷雾。

专家点评

◎ 该药剂直接施用于开花作物或杂草时对蜜蜂有毒。在作物花期或作物附近有开花杂草时，慎用。

◎不推荐在苗床上使用，不宜与乳油类农药混用。

◎为延缓抗性产生，每季作物使用不超过2次。

溴氰菊酯

英文名称：Deltamethrin

其他名称：敌杀死，氰苯菊酯，扑虫净，克敌，康素灵

主要剂型及含量：2.5%、5% 可湿性粉剂，2.5% 悬浮剂，2%、2.5% 水乳剂，25克／升乳油，0.006% 粉剂，2.5% 微乳剂

作用机理与特点

溴氰菊酯作用机制同其他菊酯类农药，具有很强的杀虫活性，以触杀和胃毒作用为主，无内吸及熏蒸作用，但对害虫有一定的驱避与拒食作用。溴氰菊酯杀虫谱广，击倒速度快，对鳞翅目幼虫杀伤力大，但对成虫基本无效。

防治对象与使用方法

主要用于防治棉铃虫、棉红铃虫、小地老虎、菜青虫、斜纹夜蛾、桃小食心虫、苹果卷叶蛾、茶尺蠖、小绿叶蝉、大豆食心虫、黏虫、蚜虫、柑橘潜叶蛾、荔枝蝽象、甘蔗螟虫、蝗虫、松毛虫等重要农林害虫。

防治玉米螟，在喇叭口期进行用药，一般每亩使用25克／升乳油20~30克拌2千克细沙撒施入玉米喇叭口中。

专家点评

◎使用该类农药时，要尽可能减少用药次数和用药量，或与有机磷等非菊酯类农药交替使用或混用，有利于减缓害虫抗药性产生。

◎不可与碱性物质混用，以免降低药效。

◎对鱼、虾、蜜蜂、家蚕高毒。

乙多·甲氧虫*

其他名称：斯品诺
主要剂型及含量：34% 悬浮剂

作用机理与特点

乙多·甲氧虫悬浮剂是由乙基多杀菌素和甲氧虫酰肼的混配制剂，作用机制见相应化合物。两种有效成分复配具有全新作用机理，无交互抗性；对甜菜夜蛾和斜纹夜蛾的持效期长，对捕食性和寄生性天敌种群（捕食螨、草蛉等）无显著影响。

防治对象与使用方法

可用于防治鳞翅目害虫、蓟马等。

●水稻二化螟、稻纵卷叶螟：亩用34%悬浮剂20~24毫升，对水30~45升喷雾。

●甜菜夜蛾、斜纹夜蛾、小菜蛾、菜青虫、蓟马等：用34%悬浮液2 000~2 500倍液喷雾。

专家点评

◎建议在晴天傍晚施药，施药时均匀喷雾。

◎喷雾应对整株作物进行均匀喷雾，推荐亩对水量30~45升。

◎对有益生物安全，对人畜安全，对环境友好。

乙基多杀菌素 *

英文名称：Spinetoram
其他名称：艾绿士
主要剂型及含量：60克/升悬浮剂、25%水分散粒剂

作用机理与特点

乙基多杀菌素由放线菌刺糖多孢菌（saccharopolyspora spinosa）发酵产生，是多杀霉素的换代产品，是一种新型多杀菌素类杀虫剂。作用于昆虫神经中烟碱型乙酰胆碱受体和 γ-氨基丁酸受体，致使虫体对兴奋性或抑制性的信号传递反应不敏感，影响正常的神经活动，直至死亡。乙基多杀菌素具有胃毒和触杀作用，对鸟类、鱼类、蜜蜂、蚯蚓和水生植物等低毒。

防治对象与使用方法

主要用于防治鳞翅目幼虫、蓟马和潜叶蝇等，对小菜蛾、甜菜夜蛾、潜叶蝇、蓟马、斜纹夜蛾、豆荚螟有好的防治效果。

●甘蓝小菜蛾、甜菜夜蛾、斜纹夜蛾等：用60克/升悬浮剂1 500～2 000倍液喷雾。

●稻纵卷叶螟：亩用60克/升悬浮剂1 000～1 500倍液喷雾。

●蓟马：用60克/升悬浮剂2 000倍液喷雾。

●美洲斑潜蝇，用25%水分散粒剂3 000～5 000倍液喷雾。

专家点评

◎杀虫谱广，高效防治鳞翅目幼虫、蓟马和潜叶蝇。

◎速效性好，几分钟至数小时见效。

◎建议与其他作用机理不同的杀虫剂轮换使用，延缓抗药性产生。

乙唑螨腈

英文名称：Acetazole acrylonitrile
其他名称：宝卓
主要剂型及含量：30% 悬浮剂

作用机理与特点

乙唑螨腈是一种新型丙烯腈类杀螨剂，杀螨谱广，具有较好的速效性和持效性。在螨虫体内代谢转化成羟基化合物，抑制琥珀酸脱氢酶的作用，进而作用于呼吸电子传递链中复合体 Ⅱ，破坏能量合成，达到防治作用。兼具触杀和胃毒作用，对卵、幼螨、若螨、成螨均有较好防效，与现有杀螨剂无交互抗性。

防治对象与使用方法

对朱砂叶螨、二斑叶螨等多种常见害螨均有优异防效。在害螨点状为害或始盛期，用 30% 悬浮剂 3 000~6 000 倍液喷雾。

专家点评

◎建议与其他作用机制不同的杀螨剂轮换使用，避免产生抗药性。
◎可以与杀菌剂、杀虫剂混用，不宜与碱性农药和铜制剂混用，使用间隔期不低于 7 天。

茚虫威 *

英文名称：Indoxacarb
其他名称：安打，全垒打
主要剂型及含量：15% 悬浮剂，30% 水分散粒剂

作用机理与特点

茚虫威通过阻断昆虫神经细胞内的钠离子通道，使神经细胞丧失功能，导致昆虫麻痹而死亡。具有触杀和胃毒作用，对各龄期幼虫都有效。属低毒杀虫剂，对人、哺乳动物和鸟类毒性很小，对捕食和寄生天敌影响很小。

防治对象与使用方法

主要用于防治番茄、辣椒、黄瓜、茄子、莴苣、苹果、马铃薯和葡萄等作物上的烟青虫、卷叶蛾类、苹果蠹蛾、叶蝉和马铃薯甲虫等害虫。

●小菜蛾、菜青虫、甜菜夜蛾、棉铃虫：用 15%悬浮剂 3 000～5 000 倍液喷雾。

●稻纵卷叶螟：亩用 15%乳油 12～16 毫升对水 30～45 升喷雾。

专家点评

◎建议与不同作用机理的杀虫剂交替使用，每季作物使用不超过3次。

◎药液配制时，应先配置成母液，再加入药桶中充分搅拌。配制好的药液要及时喷施，不能长时间放置。

◎无内吸性，所以喷雾要均匀周到，确保药液充分接触虫体，以提高防效。

◎安全间隔期短，因此特别适宜于黄瓜、菜豆、豇豆等连续多次采收的蔬菜和速生叶菜上使用。

第三章　杀菌剂

　　杀菌剂是对病原微生物能起到杀死、抑制或中和其有毒代谢物的作用，而使植物及其产品免受其危害或消除病症的农药，主要介绍氨基寡糖素、苯甲·氟酰胺等58种杀菌剂。

氨基寡糖素 *

英文名称：Chitosan oligosaccharide

其他名称：壳寡糖

主要剂型及含量：2%、5% 水剂

作用机理与特点

氨基寡糖素是微生物代谢物中提取的一种具有抗病作用的杀菌剂，对病菌具有强烈抑制作用，能对一些病菌的生长产生抑制作用，影响真菌孢子萌发，诱发菌丝形态发生变异、孢内生化发生改变等；对植物有诱导抗病作用，能激发植物体内基因表达而产生具有抗病作用的几丁酶、葡聚糖酶、植保素及 PR 蛋白，同时也具有细胞活化作用，有助于受害植株的恢复，促根壮苗，增强作物的抗逆性，促进植物生长发育。

防治对象与使用方法

主要用于防治各类植物病毒病等。

● 番茄病毒病：亩用 5% 水剂 86~107 毫升对水 30~45 升喷雾。

● 辣椒病毒病：亩用 5% 水剂 35~50 毫升对水 30~45 升喷雾。

● 烟草病毒病：亩用 5% 水剂 55~70 毫升对水 30~45 升喷雾。

● 棉花黄萎病：亩用 5% 水剂 80~100 毫升对水 30~45 升喷雾。

● 西瓜枯萎病：亩用 5% 水剂 50~60 毫升对水 30~45 升喷雾。

专家点评

◎氨基寡糖素被土壤中的微生物降解为水和二氧化碳，无残留，不污染环境；具有药效、肥效双重功能。

◎宜在傍晚或阴天使用，避免与碱性农药混用。

◎用时勿随意改变稀释倍数，如有沉淀，用前摇匀即可，不影响使用效果。

◎作物安全间隔期为 3~7 天，每季作物最多使用 3 次。

◎避开蜜蜂、家蚕、水生生物等敏感区域。

苯甲·氟酰胺

其他名称：健攻
主要剂型及含量：12% 悬浮剂

作用机理与特点

苯甲·氟酰胺是苯醚甲环唑和氟唑菌酰胺的混配杀菌剂。氟唑菌酰胺是羧酰胺类杀菌剂，为琥珀酸脱氢酶抑制剂；苯醚甲环唑是三唑类杀菌剂，为甾醇脱甲基化抑制剂。两者都具有保护和治疗活性及良好的内吸传导性。

防治对象与使用方法

防治黄瓜白粉病、靶斑病，番茄早疫病、叶霉病、灰叶斑病，苹果斑点落叶病，梨黑星病，西瓜叶枯病，菜豆锈病，辣椒白粉病等，可亩用 12% 悬浮剂 40~67 毫升，对水 45 升喷雾。

专家点评

综合了甲氧基丙烯酸酯类杀菌剂和三唑类杀菌剂的优点，杀菌谱广。

苯菌酮

英文名称：Metrafenone
其他名称：英腾
主要剂型及含量：42% 悬浮剂

作用机理与特点

苯菌酮为二苯酮类杀菌剂。通过干扰病菌孢子萌发时的附着胞的发育与形成，抑制孢子的萌发；通过干扰极性肌动蛋白——病菌的细胞骨架组织的建立和形成，干扰和抑制病原菌菌丝体顶端细胞的形成，从而阻碍菌丝体的正常发育与生长。苯菌酮具有预防和治疗作用，与具有脱甲基化作用的抑制剂以及苯胺基嘧啶类杀菌剂无交互抗性，其生物活性优于三唑酮和嘧菌环胺等。

防治对象与使用方法

防治苦瓜白粉病、豌豆白粉病，亩用42%悬浮剂1 500倍液喷雾。

专家点评

◎作用方式独特，与目前常用防白粉病的药剂不存在交互抗性。

◎安全性好，苗期使用也非常安全。

◎对鱼中毒，对蜜蜂低毒。

苯醚甲环唑*

英文名称：Difenoconazole
其他名称：世高
主要剂型及含量：10%、37%水分散粒剂，25%、250克/升、30克/升悬浮种衣剂，40%悬浮剂

作用机理与特点

苯醚甲环唑是三唑类杀菌剂，为甾醇脱甲基化抑制剂。其作用机理是抑制细胞壁甾醇的生物合成，阻止真菌的生长。该药剂为广谱性杀菌剂，有保护和治疗作用，具有强烈的内吸性，持效期长，对作物安全。

防治对象与使用方法

广泛用于番茄、辣椒、黄瓜、西瓜、香蕉、水稻、小麦、大豆、梨树等作物，能有效防治白粉病、炭疽病、黑穗病、黑星病等多种病害。

●小麦黑穗病：每100千克种子用30克/升悬浮种衣剂200~400毫升种子包衣。

●黄瓜白粉病、菜豆锈病：亩用10%水分散粒剂750~1 500倍液喷雾。

●梨、苹果黑星病：用10%水分散粒剂3 000~6 000倍液喷雾。

●西瓜、辣椒炭疽病：发病前或发病初期，亩用10%水分散粒剂750~1 500倍液喷雾，间隔7~10天施药1次，连续施药2~3次。

●水稻纹枯病、稻曲病：分别在拔节、孕穗和抽穗期，亩用40%悬浮剂15~25毫升对水30~45升喷雾，15天再喷雾1次，可有效控制纹枯病和稻曲病。

●番茄早疫病：发病初期，亩用10%水分散粒剂750~1 500倍液喷雾。

●香蕉叶斑病：发病初期，用40%悬浮剂3 000~4 000倍液喷雾，间隔10~14天1次，连用3次。

▌专家点评

◎本药剂易燃，注意贮存。

◎不宜与铜制剂混用，否则会影响防治效果。

◎历年农残检测结果表明，由于苯醚甲环唑在自然条件降解速率较慢，在草莓、葡萄等极易检出，甚至超标，建议适当延长安全间隔期。

◎属低毒杀菌剂，对眼睛有轻微刺激性，对人类，哺乳动物，鸟类和大多数水生生物有中度毒性，对蜜蜂无毒。

苯甲·丙环唑*

其他名称：爱苗

主要剂型及含量：30%、300克/升乳油

▌作用机理与特点

苯甲·丙环唑是由苯醚甲环唑和丙环唑混配而成的低毒杀菌剂，主要是抑制病菌麦角甾醇生物合成，从而破坏真菌细胞膜的生理作用，最终导致真菌死亡。具有保护和内吸治疗作用；药剂可被植物根、茎、叶部吸收，并能在植株体内传导。

防治对象与使用方法

可用于预防和治疗水稻纹枯病、稻曲病、大豆锈病等病害。

●水稻纹枯病：亩用 300 克 / 升 15~20 毫升对水 50 升喷雾。

●小麦纹枯病：亩用 300 克 / 升 20~30 毫升对水 50 升喷雾。

●大豆锈病：亩用 300 克 / 升 20~30 毫升对水 50 升喷雾。

●稻曲病：亩用 300 克 / 升 15 毫升对水 50 升喷雾，共用 2 次，首次在孕穗末期，隔 5~7 天再用 1 次。

专家点评

◎防治纹枯病一季作物最多施用 2 次，防治锈病一季作物最多施用 3 次。

◎内吸性强，且具双向传导性能，施药 2 小时即可将入侵的病原体杀死。

◎除具有杀菌防病作用外，对作物还有增绿、增肥效果（被水解成氨基酸），对水稻还具有调节水稻生长、保护功能叶片，防止后期早衰和增产作用。

苯甲·嘧菌酯 *

其他名称：阿米妙收
主要剂型及含量：32.5%、325 克 / 升悬浮剂

作用机理与特点

苯甲·嘧菌酯是由三唑类杀菌剂苯醚甲环唑和嘧菌酯混配而成。嘧菌酯为甲氧基丙烯酸酯类化合物，是病菌线粒体呼吸抑制剂。该药为高效、低毒、广谱内吸性杀菌剂，具有保护和治疗作用，安全性好，对作物有明显的营养作用。

防治对象与使用方法

对子囊菌纲、担子菌纲、卵菌纲和半知菌类引起的病害如白粉病、蔓枯病、炭疽病、霜霉病、叶霉病、锈病、疫病、稻瘟病、黑穗

病、叶斑病等均有很好的效果。可广泛用于西瓜、葡萄、蔬菜、花卉等作物各种真菌性病害的防治。

●柑橘、杧果、葡萄炭疽病，梨树黑星病和桃树褐斑穿孔病：用325克/升悬浮剂1 500~2 000倍液喷雾。

●花生叶斑病：亩用325克/升悬浮剂35~50毫升对水35~45升喷雾。

●姜炭疽病、豇豆炭疽病：亩用325克/升悬浮剂40~60毫升对水35~45升喷雾。

●辣椒炭疽病：亩用325克/升悬浮剂20~50毫升对水35~45升喷雾。

●水稻纹枯病：亩用325克/升悬浮剂20~40毫升对水35~45升喷雾。

●水稻稻瘟病，西瓜蔓枯病、炭疽病：亩用325克/升悬浮剂30~50毫升对水35~45升喷雾。

●香蕉叶斑病：亩用325克/升悬浮剂1 500~2 500倍液喷雾。

●甘蔗凤梨病：亩用325克/升悬浮剂45~60毫升对水35~45升沟施。

●马铃薯黑痣病：亩用325克/升悬浮剂70~110毫升对水35~45升沟施。

| 专家点评 |

◎不宜与任何乳油类农药及一些表面活性剂等助剂混用。

◎一季作物使用次数应少于总用药次数的1/3。

◎尽量于病害发生前或发病初期用药，视病情发展，连续用药2~3次，间隔7~10天。病害发生严重，使用高剂量。

◎茭白对嘧菌酯敏感，不宜在茭白上使用。

吡唑醚菌酯*

英文名称：Pyraclostrobin
其他名称：凯润，唑菌胺酯
主要剂型及含量：20% 水分散粒剂，250克 / 升乳油，25%、30% 悬浮剂

作用机理与特点

吡唑醚菌酯为甲氧基丙烯酸酯类杀菌剂，主要通过抑制线粒体呼吸，干扰真菌能量合成。该药具有保护和治疗作用及作用迅速、持效期长的特点。此外，还具有明显的促植物健康作用。

防治对象与使用方法

对瓜类白粉病、霜霉病、炭疽病等有较强的防治效果。

●黄瓜霜霉病、白粉病：发病初期，亩用250克/升乳油20~40毫升对水 30~45升喷雾。

●白菜炭疽病：发病前或发病初期，亩用 25%乳油 30~50毫升对水 30~45升喷雾。

●西瓜炭疽病：亩用 250克/升乳油 15~30毫升对水 30~45升喷雾。

●茶树炭疽病、草坪褐斑病：用 250克/升乳油 1 000~2 000倍液喷雾。

●香蕉叶斑病、黑星病：用 250克/升乳油 1 000~3 000倍液喷雾。

●玉米大斑病：亩用 250克/升乳油 30~50毫升对水 30~45升喷雾。

●黄瓜蔓枯病：发病初期，亩用 250克/升乳油 30毫升对水 60升喷雾。

●草莓白粉病：发病初期，亩用 20%水分散粒剂 38~50克对水喷雾。

专家点评

◎不与碱性杀菌剂、乳油、有机硅混用。

◎该药能降低植物呼吸作用，增强光合作用，因而可提高品质，增加产量。

◎对鱼剧毒，严禁在池塘等水体中洗涤施药器械或倒入残留药液。

◎属中等毒性杀菌剂，对作物施用安全，对其他有益生物如蜜蜂、鸟类等低毒，但对鱼剧毒。

唑醚·代森联*

其他名称：百泰
主要剂型及含量：60% 水分散粒剂

作用机理与特点

唑醚·代森联是由吡唑醚菌酯和代森联复配而成的低毒杀菌剂，兼具保护和治疗作用，对卵菌纲真菌引起的各种病害有很好的防效，具有良好的渗透和内吸作用，且富含锌元素，有利于叶绿素的合成，增加光合作用，对非靶标生物和环境安全。吡唑醚菌酯作用机理是通过破坏真菌线粒体呼吸链及抑制病菌细胞内多种酶的活性来达到防治效果，具有阻止病菌侵入、防止病菌扩散和清除体内病菌三重作用，作用迅速，持效期长。代森联是一种优良的保护性杀菌剂，作用机理是抑制酶复合，通过影响病菌细胞内多种酶的活性，阻止病菌孢子萌发，干扰病菌牙管生长，使病菌无法侵染植物组织。

防治对象与使用方法

可防治黄瓜霜霉病、疫病，番茄、马铃薯晚疫病，辣椒疫病，葡萄霜霉病、白腐病、炭疽病，大白菜炭疽病，西瓜炭疽病、疫病、蔓枯病等多种病害。

●黄瓜霜霉病，番茄、马铃薯晚疫病：发病前或初期，亩用 60% 水分散粒剂 40~60 克对水 50 升喷雾。

●黄瓜疫病：发病前或初期，亩用 60% 水分散粒剂 60~100 克对水 45 升喷雾。

●辣椒疫病：发病前亩用 60% 水分散粒剂 40~100 克对水 50 升喷雾。

●葡萄霜霉病：发病初期，用 60% 水分散粒剂 1 000~2 000 倍液喷雾，间隔 10 天左右 1 次，连用 2~3 次。

●葡萄白腐病、炭疽病：发病初期，用60%水分散粒剂1 500~2 000倍液喷雾，间隔12天左右1次，连用2~3次。

●大白菜炭疽病：发病前或初期，亩用60%水分散粒剂40克对水45升喷雾。

●西瓜炭疽、疫病、蔓枯病：发病前或初期，亩用60%水分散粒剂60~100克对水45升喷雾。

专家点评

◎作为预防处理时使用低剂量，作为治疗处理时使用高剂量。

◎对蜜蜂、捕食螨、蚯蚓等有益生物体无毒害作用，对环境安全。

吡萘·嘧菌酯

其他名称：绿妃
主要剂型及含量：29%悬浮剂

作用机理与特点

吡萘·嘧菌酯为两种作用机理不同的杀菌剂混配而成。吡唑萘菌胺为吡唑羧酰胺类杀菌剂，作用机理为琥珀酸脱氢酶抑制剂（SDHI）类；嘧菌酯属于甲氧基丙烯酸酯类杀菌剂，其作用机理为苯醌外部抑制剂（QoI）。两者混配，可提高药效，扩大杀菌谱，延缓抗性的产生。同时由于吡唑萘菌胺与植物叶片有特殊的"双重结合力"，嘧菌酯内吸传导性好，复配后在保护性和持效期上有很好表现。

防治对象与使用方法

可有效预防黄瓜、西瓜、草莓、辣椒、葡萄等作物白粉病。对多种作物的锈病、靶斑病、叶霉病、灰叶斑病也有很好的防治效果。

●黄瓜、西瓜白粉病：发病前或见零星病斑时，亩用29%悬浮剂750~1 500倍液喷雾，连续使用2~3次，间隔为7~10天。

●草莓、辣椒白粉病：发病前，用29%悬浮剂750~1 500倍液喷雾，连续使用2~3次，间隔为7~10天。

●葡萄白粉病：发病前，用29%悬浮剂1 500~2 000倍液喷雾，花前和开花中后期使用2~3次。

●豇豆锈病：发病前或初期，亩用29%悬浮剂750~1 500倍液喷雾，连续使用2~3次，间隔为7~10天。

专家点评

◎属保护性杀菌剂，应在白粉病发病前或见零星病斑时施药；当田间白粉病发生较重时，可与世高或者乙嘧酚等治疗剂混用，防效更佳。

◎在多种作物上都有明显的促进作物生长和植物保健的作用。

丙环唑 *

英文名称：Propiconazole
其他名称：敌力脱，赛纳松，秀特
主要剂型及含量：25%、250克/升乳油，25%水乳剂

作用机理与特点

丙环唑是一种具有治疗和保护双重作用的内吸性三唑类杀菌剂。丙环唑作用机理是通过抑制麦角甾醇生物合成，来抑制或干扰菌体附着胞及吸器的发育、孢子形成和破坏菌丝细胞结构。可被根、茎、叶部吸收，并能很快地在植株体内向上传导，可有效防治大多数高等真菌引起的病害，但对卵菌类病害无效。属低毒杀菌剂，对人、畜、鱼低毒。

防治对象与使用方法

能防治子囊菌、担子菌和半知菌类引起的病害，特别是对小麦全蚀病、白粉病、锈病、根腐病、水稻恶苗病、纹枯病、香蕉叶斑病等病害具有特效。

●水稻纹枯病：发病初期，亩用250克/升乳油30~60毫升对水50升喷雾，间隔10天防治1次，连续2~3次。

●葡萄炭疽病：发病初期，用250克/升乳油2 500倍液喷雾。

●花生叶斑病、番茄炭疽病、辣椒叶斑病：在发病初期，用250

克/升乳油2 500倍液喷雾，间隔14天防治1次，连续2~3次。

●西瓜蔓枯病：在西瓜膨大期，用250克/升乳油5 000倍液喷雾。

●小麦白粉病：在发病初期，亩用250克/升乳油30~50毫升对水30~45升喷雾。

●香蕉叶斑病：在发病初期，用250克/升乳油500~1 000倍液喷雾，根据病情的发展，可在间隔21~28天后喷施第2次。

专家点评

◎可以和大多数酸性农药混配使用。

◎花期、苗期、幼果期、嫩梢期慎用。

丙森锌

英文名称：Propineb
其他名称：安泰生，丙森辛
主要剂型及含量：70%水分散粒剂，70%可湿性粉剂

作用机理与特点

丙森锌属硫代氨基甲酸酯类杀菌剂，为速效广谱的保护性杀菌剂。其作用机理是抑制病原菌体内丙酮酸的氧化。该药含有易于被作物吸收的锌元素，有利于促进作物生长和提高果实品质。

防治对象与使用方法

可防治黄瓜、大白菜霜霉病，番茄早疫病、晚疫病，葡萄霜霉病，柑橘树炭疽病等多种病害。

●黄瓜、大白菜霜霉病：用70%可湿性粉剂500~700倍液喷雾。

●番茄早疫病：用70%可湿性粉剂400~600倍液喷雾。

●番茄晚疫病：用70%可湿性粉剂500~700倍液喷雾。

●葡萄霜霉病：用70%可湿性粉剂500~700倍液喷雾，间隔7天防治1次，连续防治3次。

●柑橘炭疽病：用70%可湿性粉剂600~800倍液喷雾。

专家点评

◎该药不能与碱性物质、含铜的农药混用，如需与此类药剂轮换使用，间隔期应在7天以上。

◎对鱼中毒，对蜜蜂低毒。

春雷霉素*

英文名称：Kasugamycin

其他名称：春日霉素、加收米

主要剂型及含量：2%、6% 可湿性粉剂, 2% 水剂, 20% 水分散粒剂

作用机理与特点

春雷霉素属农用抗生素类低毒杀菌剂，其作用机理是干扰氨基酸代谢的酯酶系统，从而影响蛋白质的合成，抑制菌丝伸长和造成细胞颗粒化，使病原菌失去繁殖和侵染能力。但对孢子萌发无影响。具有保护、治疗及较强的内吸活性，渗透性强并能在植物体内移动，喷药后见效快，耐雨冲刷，持效期长，且能使施药后的瓜类叶色浓绿并延长收获期。

防治对象与使用方法

可防治蔬菜、瓜果、水稻等作物的多种细菌和真菌性病害。

●水稻稻瘟病：防治叶瘟，在发病初期亩用2%水剂80~100毫升，对水65~80升喷雾，施药7天后，视病情发展可再喷1次；防治穗颈瘟，在水稻破口期和齐穗期，亩用2%水剂100毫升，对水80~100升，各喷雾1次。

●芹菜早疫病：于发病初期，亩用2%水剂100~120毫升，对水65~80升喷雾。

●番茄叶霉病、黄瓜细菌性角斑病：在发病初期亩用2%水剂140~170毫升，对水60~80升喷雾，以后每隔7天防治1次，连续防治3次。

●辣椒细菌性疮痂病：在发病初期亩用2%水剂100~130毫升，

对水 60~80 升喷雾，以后每隔 7 天防治 1 次，连续防治 2~3 次。

●高粱炭疽病：在发病初期亩用 2%水剂 80 毫升，对水 65~80 升喷雾。

专家点评

◎该药不能与碱性农药等物质混用、混放。

◎杉树（特别是苗）、藕及大豆等对该药剂敏感，施药时要预防药液飘移。

◎建议与其他不同作用机制的杀菌剂交替使用。

◎对鱼中毒，对蜜蜂低毒。

稻瘟灵*

英文名称：Isoprothiolane
其他名称：富士一号
主要剂型及含量：30%、40% 乳油，40% 可湿性粉剂

作用机理与特点

稻瘟灵为二硫类杀菌剂，其作用机理是通过抑制纤维素酶的形成，而阻止菌丝的进一步生长。具有内吸、预防、治疗作用，可通过根和叶吸收，向上、下传导，持效期较长、抗雨水冲刷、毒性较低等特点。

防治对象与使用方法

主要用于防治水稻稻瘟病。

●水稻叶瘟病：在发病前或发病初期，亩用 40%可湿性粉剂 66.5~150 克，对水 70 升，均匀喷雾。

●水稻穗瘟病：在抽穗期和齐穗期，亩用 40%可湿性粉剂 66.5~150 克，对水 70 升，均匀喷雾。

专家点评

◎不能与强碱性农药混用。

◎兼有杀虫作用，可明显降低水稻稻飞虱和叶蝉的虫口密度。

◎对因低温、土壤过湿、氧气不足等而发生的生理障碍有一定效果。

◎对蜜蜂低毒，对鱼中毒，鱼塘附近慎用。

敌磺钠

英文名称：Fenaminosulf

其他名称：敌克松，地克松，地爽

主要剂型及含量：：50%、70%可溶粉剂，45%可湿性粉剂

作用机理与特点

敌磺钠是一种优良的种子和土壤处理剂，具有一定的内吸渗透作用。对腐霉菌和丝囊菌引起的病害有特效，对一些真菌病害亦有效。属保护性药剂，且对作物兼有生长刺激作用。

防治对象与使用方法

可用于防治白菜、番茄、黄瓜、马铃薯、棉花、水稻、甜菜、西瓜、小麦、烟草、松杉苗木等作物上恶苗病、立枯病、猝倒病、环腐病、霜霉病、根腐病、黑穗病、黑胫病等病害。

●黄瓜、西瓜立枯病、枯萎病：亩用70%可溶粉剂250~500克对水喷雾或泼浇。

●棉花立枯病、马铃薯环腐病：用70%可溶粉剂按1：333药种比拌种。

●水稻苗期立枯病、黑根病：亩用70%可溶粉剂1 250克对水泼浇或喷雾。

●小麦黑穗病：用45%湿粉按1：150药种比拌种。

●黄瓜、白菜霜霉病：用45%湿粉250~500倍液喷雾或灌根。

●甜菜立枯病、根腐病：用70%可溶粉剂按1：92~147药种比拌种。

●烟草黑胫病：在移栽时和起培土前，亩用70%可溶粉剂285克与225~300千克细土拌匀，将药土撒在烟苗基部周围，并立即覆土，或对水喷雾，每隔15天防治1次，连续防治3次。

●松杉苗木立枯病、根腐病：用 70%可溶粉剂按 1：200～500 药种比拌种。

专家点评

不能与碱性及抗生素类农药混用。

啶酰菌胺 *	英文名称：Cantus 其他名称：凯泽 主要剂型及含量：50% 水分散粒剂

作用机理与特点

啶酰菌胺为新型烟酰胺类内吸性杀菌剂，杀菌谱较广，具有保护和治疗作用。其通过抑制线粒体琥珀酸酯脱氢酶活性，从而阻碍三羧酸循环，使氨基酸、糖缺乏，能量减少，干扰细胞的分裂和生长。与苯并咪唑类、酰亚胺类等常用药剂无交互抗性，对抗药性真菌有较高防效。属低毒杀菌剂，对眼、皮肤无刺激作用，对蜜蜂、鸟、蚯蚓、家蚕等均无影响。

防治对象与使用方法

主要用于油菜、葡萄、果树、蔬菜和草莓等作物白粉病、灰霉病、菌核病防治，对各种腐烂病、根腐病等也有理想的防效。在病害发生初期，用 50%水分散粒剂 1 000～1 500 倍液茎叶喷雾。

专家点评

◎高温、干燥条件下施药，易引起黄瓜等烧叶、烧果现象；葡萄等果树上施药，要避免和渗透展开剂、叶面液肥等混用。

◎由于该药具有良好的耐雨性和出色的渗透传导作用，因而赋予了药剂相当的持效性，从而可明显减少施药次数，有利于减少农田环境污染和提高农产品质量安全。

噁霉灵 *

英文名称：Hymexazol
其他名称：绿亨一号，土菌消，土菌克，绿佳宝
主要剂型及含量：15%、30% 水剂，0.1% 颗粒剂，70% 可溶粉剂，80% 水分散粒剂

作用机理与特点

噁霉灵是 DNA/RNA 合成抑制剂。药剂由植物的根和萌芽种子吸收，传导到其他组织，在生长早期可预防真菌病害及由镰刀状细菌引起的植物病害。噁霉灵在植物体内代谢可形成 N-葡糖苷和 O-葡糖苷两个产物。这两个化合物可促进细胞生长、形成分枝、根的生长及增加根毛。

防治对象与使用方法

主要用于防治多种作物的枯萎病、立枯病等土传病害。

●西瓜枯萎病：亩用 0.1%颗粒剂 35~40 千克土壤撒施。

●水稻立枯病：每平方米用 15%水剂 6~12 毫升苗床、育秧箱土壤处理，或每平方米用 30%水剂 4.5~6 毫升浇灌苗床。

专家点评

◎不宜用噁霉灵浸种。

◎用于水稻田壮苗和防病，可和稻瘟灵混用，提高作用效果。

◎对鱼低毒，对蜜蜂低毒。

二氰·吡唑酯

其他名称：碧翠
主要剂型及含量：16%、64% 水分散粒剂，16%
悬浮剂

作用机理与特点

二氰·吡唑酯是二氰蒽醌和吡唑醚菌酯的混配剂，具有良好的保护活性和一定的治疗活性。吡唑醚菌酯为甲氧基丙烯酸酯类杀菌剂，是一种线粒体呼吸抑制剂，具有较强的抑制病菌孢子萌发能力，对叶片内菌丝生长有很好的抑制作用，其持效期较长，并且具有潜在的治疗活性。二氰蒽醌通过与含硫基团反应和干扰细胞呼吸而抑制一系列真菌酶，最后导致病害死亡。

防治对象与使用方法

主要用于防治多种作物的炭疽病。

●草莓炭疽病：用 16%水分散粒剂 750～1 000倍液喷雾。

●辣椒炭疽病：亩用 16%悬浮剂 90～120毫升对水 30～45升喷雾。

●山药炭疽病：亩用 16%水分散粒剂 133～167克对水 30～45升喷雾。

●苹果树、枣树炭疽病：用 16%水分散粒剂 375～750倍液喷雾。

专家点评

◎是当前生产防治炭疽病的高效杀菌剂。

◎从目前试验结果看，浙江省葡萄常规品种基本上都会有药害，主要表现为果皮灼伤。因此，在扩大应用作物范围时，必须严格遵循先试验示范再推广应用的原则。

氟菌·霜霉威*

英文名称：Infinito

其他名称：银法利

主要剂型及含量：687.5克/升悬浮剂

作用机理与特点

氟菌·霜霉威是由氟吡菌胺和霜霉威盐酸盐复配而成的混配剂。氟吡菌酰是酰胺类杀菌剂，其作用机理是作用于细胞膜和细胞骨架间的特异性蛋白—类血影蛋白，从而影响细胞的有丝分裂；具良好的内吸传导性，能从叶片上表面向下渗透，从叶基向叶尖方向传导，对病原菌的各主要形态均有很好的抑制活性，属治疗性杀菌剂；霜霉威盐酸盐属氨基甲酸酯类杀菌剂，其作用机理是抑制病菌细胞膜成分的磷脂和脂肪酸的生物合成，抑制菌丝生长、孢子囊的形成和萌发；具有较强的内吸传导性，叶片喷雾后可迅速分布在叶片中，土壤处理后能迅速上下传导、输送到整个植株，对卵菌纲真菌引起的病害有较好的防治效果。

防治对象与使用方法

可用于防治葫芦科蔬菜、花卉、草坪的霜霉病和猝倒病；葡萄、甘蓝、莴苣等作物霜霉病；马铃薯、番茄的晚疫病。

防治大白菜、黄瓜霜霉病，番茄晚疫病，辣椒、西瓜疫病，马铃薯晚疫病：亩用687.5克/升悬浮剂60~75毫升对水30~45升喷雾。

专家点评

◎氟菌·霜霉威具有较强的薄层穿透能力，保护作用全面，治疗作用更加突出。

◎毒性低、残留低、对使用者安全，对环境友好，并对蜜蜂等有益生物安全。

氟吡菌酰胺 *

英文名称：Fluopyram
其他名称：路富达
主要剂型及含量：41.7% 悬浮剂

作用机理与特点

氟吡菌酰胺为吡啶乙基苯酰胺类杀菌剂和杀线虫剂，琥珀酸脱氢酶类抑制剂，其作用机理是作用于线粒体呼吸链，抑制琥珀酸脱氢酶（复合物Ⅱ）的活性从而阻断电子传递和能量形成，导致不能提供机体组织的能量需求，抑制真菌孢子萌发，芽管伸长，菌丝生长和产孢。其用量低，具有保护、渗透和薄层穿透以及内吸活性（沿木质部向上传输）等特点。

防治对象与使用方法

目前氟吡菌酰胺单剂主要用于防治多种作物各类线虫病。防治黄瓜、番茄根结线虫，以浇定植水的方式，或在定植水后土壤微干时，每株用41.7%悬浮剂0.024~0.03毫升，对水400毫升灌根，药液需覆盖根系区域。

专家点评

◎该药剂是目前市场上一个毒性极低的杀线虫剂，亩使用量只有毫升级别，对环境友好，对蜜蜂无不良影响。

◎杀线虫谱广，施用方法灵活，可在多种种植环境（大棚／露天）下根据农事要求选择施药方法（滴灌、灌根、沟施、土壤混施等）。

◎尚未登记的作物，使用前应做好安全性试验。

氟菌·肟菌酯*

其他名称：露娜森
主要剂型及含量：43% 悬浮剂

作用机理与特点

氟菌·肟菌酯由氟吡菌酰胺与肟菌酯复配而成，为高效、低毒、内吸性广谱杀菌剂。肟菌酯属甲氧基丙烯酸酯类杀菌剂，苯醌外部抑制剂（QoI），其作用机理是抑制真菌线粒体的呼吸，即在真菌线粒体呼吸链 Qo 中心，阻断细胞色素 bc1 向细胞色素 C 的电子转移，从而阻断能量的形成，导致病原菌孢子不能发芽，并抑制菌丝生长和产孢。应季施用该药剂，能使果实品质提高，表观很好，贮藏时间延长，货架保鲜期增加。

防治对象与使用方法

主要用于防治蔬菜、果树的多种重要真菌性病害，如白粉病、灰霉病、靶斑病等。

●黄瓜白粉病：发病初期亩用 43% 悬浮剂 5~10 毫升对水 30~45 升喷雾。

●黄瓜炭疽病、靶斑病：发病初期亩用 43% 悬浮剂 15~25 毫升对水 30~45 升喷雾。

●番茄早疫病、叶霉病、灰霉病：发病初期亩用 43% 悬浮剂 15~45 毫升对水 30~45 升喷雾。

●西瓜蔓枯病：发病初期亩用 43% 悬浮剂 15~25 毫升对水 30~45 升喷雾。

●辣椒炭疽病：发病初期亩用 43% 悬浮剂 20~30 毫升对水 30~45 升喷雾。

●草莓灰霉病、白粉病：发病初期亩用 43% 悬浮剂 15~30 毫升对水 30~45 升喷雾，间隔 7~10 天防治 1 次，连续防治 2 次。

●葡萄灰霉病、白腐病、炭疽病：发病初期用 43% 悬浮剂 1 500~

3 000 倍液喷雾。

●洋葱紫斑病：发病初期亩用 43%悬浮剂 20~30 毫升对水 30~45 升喷雾。

专家点评

◎该药剂的安全间隔期建议黄瓜 3 天，番茄 5 天，辣椒 5 天，西瓜 7 天。

◎在病害发生初期进行叶面喷雾处理效果最佳，建议每隔 7~10 天施用 1 次；每季最多使用 2~3 次。

◎不与乳油、碱性铜制剂混用，与其他药剂混用应进行安全性试验。

◎低温、高温，连续阴雨等环境下使用时，建议使用低浓度。

氟菌·戊唑醇 *

其他名称：露娜润
主要剂型及含量：35% 悬浮剂

作用机理与特点

氟菌·戊唑醇由氟吡菌酰胺和戊唑醇复配而成，为低毒内吸性杀菌剂。戊唑醇是一种高效、广谱、内吸性三唑类杀菌剂，其作用机制为抑制其细胞膜上麦角甾醇的去甲基化，使得病菌无法形成细胞膜，从而杀死病菌。氟菌·戊唑醇具有保护作用和一定的治疗作用，杀菌活性较高、内吸性较强、持效期较长等特点。低毒环保，但对鱼有毒。

防治对象与使用方法

●黄瓜白粉病：发病初期亩用 35%悬浮剂 5~10 毫升对水 30~45 升喷雾。

●黄瓜炭疽病、靶斑病：发病初期亩用 35%悬浮剂 25~30 毫升对水 30~45 升喷雾。

●番茄早疫病、叶霉病、灰霉病：发病初期亩用 35%悬浮剂

25~40毫升对水30~45升喷雾。

●西瓜蔓枯病：发病初期亩用35%悬浮剂25~30毫升对水30~45升喷雾。

●柑橘树脂病、黑斑病，苹果斑点落叶病、褐斑病：发病初期亩用35%悬浮剂2 000~4 000倍液喷雾。

●梨树黑斑病、褐腐病：发病初期亩用35%悬浮剂2 000~3 000倍液喷雾。

●香蕉黑星病、叶斑病：发病初期亩用35%悬浮剂2 000~3 200倍液喷雾。

专家点评

◎采用"二次法"稀释配药。在配制药液时，先将推荐用量的该药用少量水在清洁容器中充分搅拌稀释，然后全部转移到喷雾器中，再补足水量并充分混匀。

◎蔬菜按每亩推荐用药量，据作物大小选择合适水量均匀喷雾施用1次，建议果树每隔10~15天施用1次。

◎在预计病害重发生情况下，建议使用高剂量；大风天或预计1小时内降雨，请勿施药。

氟吗啉*

英文名称：Flumorph
其他名称：灭克
主要剂型及含量：20%可湿性粉剂，30%悬浮剂，60%水分散粒剂

作用机理与特点

氟吗啉为丙烯酰吗啉类杀菌剂，是一种内吸性杀菌剂，具有保护及治疗作用。其作用机理是抑制病原菌麦角甾醇的生物合成。而氟原子特有的性能如模拟效应、电子效应、阻碍效应、渗透效应，使含有氟原子的氟吗啉的防病杀菌效果倍增，活性显著高于同类产品。

防治对象与使用方法

●番茄晚疫病：发病初期或发病前亩用 30%悬浮剂 30~40 毫升对水 30~45 升喷雾。

●马铃薯晚疫病：发病初期或发病前亩用 30%悬浮剂 30~45 毫升对水 30~45 升喷雾。

●黄瓜霜霉病：发病初期或发病前亩用 30%悬浮剂 25~50 毫升对水 30~45 升喷雾。

专家点评

◎安全间隔期不低于 3 天，每季作物最多使用 3 次。

◎勿与铜制剂或碱性药剂等物质混用。

◎对鱼中毒，对蜜蜂低毒。

氟噻唑吡乙酮

英文名称：Oxathiapiprolin
其他名称．增威赢绿
主要剂型及含量：10% 可分散油悬浮剂

作用机理与特点

氟噻唑吡乙酮为哌啶基噻唑异噁唑啉类杀菌剂，具有预防、治疗和抑制产孢作用，其作用机理是通过对氧化固醇结合蛋白（OSBP）的抑制、阻碍细胞内脂的合成和甾醇转运及信号传导而达到杀菌效果。具有快速被蜡质层吸收，耐雨水冲刷及内吸向顶传导、保护新生组织的特点。可用于叶面喷雾和种子处理。

防治对象与使用方法

●番茄晚疫病、马铃薯晚疫病、黄瓜霜霉病、辣椒疫病：发病初期或发病前亩用 10%可分散油悬浮剂 13~20 毫升对水 30~45 升喷雾。

●葡萄霜霉病：发病初期或发病前用 10%可分散油悬浮剂 2 000~3 000 倍液喷雾。

专家点评

◎ 葡萄及露地黄瓜每季最多施药 2 次（大棚黄瓜春季、秋季可以各 2 次），其他作物 3 次。

◎ 在作物快速生长生育期，发病前施用该药剂预防，勿随意降低或加大使用剂量。在用药结束后，最好使用具有治疗作用的其他杀菌剂。

◎ 施药间隔期在正常气候条件下 10 天，遇高温及多雨等特殊气候条件时，适当缩短至 7 天。

氟环·咯·精甲*

其他名称：利农
主要剂型及含量：11% 种子处理悬浮剂

作用机理与特点

氟环·咯·精甲由氟唑环菌胺、咯菌腈和精甲霜灵三元复配而成，具有广泛的杀菌谱，且活性高，用量少。氟唑环菌胺广谱高效，具有很好的内吸性，可被植物根系吸收，并渗透在根系周围土壤中，对种子、根系和茎基部形成长效保护且防病效果稳定，持效期长，对立枯丝核菌、黑粉菌有特效，同时具有独特的根系保健作用，提高作物产量和品质。咯菌腈作为种子处理安全性极好，还能促使种子提前出苗，在土壤中稳定，在种子及幼苗根际形成保护区，以防止病菌入侵。精甲霜灵属苯基酰胺类杀菌剂，是一种具有保护、治疗作用的内吸性杀菌剂，为核糖体 RNAI 的合成抑制剂，可被植物的根、茎、叶吸收，并随植物体内水分运转而转移到植物的各个器官。

防治对象与使用方法

● 水稻恶苗病：每 100 千克种子，用 11% 种子处理悬浮剂 300~400 毫升对水至约 2 升进行拌种包衣（如需浸种，需包衣后浸种）。

● 水稻烂秧病：每 100 千克种子，用 11% 种子处理悬浮剂 100~300

毫升对水至约 2 升进行拌种包衣（如需浸种，需包衣后浸种）。

●水稻立枯病：每 100 千克种子，用 11% 种子处理悬浮剂 200~300 毫升对水至约 2 升进行拌种包衣（如需浸种，需包衣后浸种）。

专家点评

◎因含有咯菌腈，勿把剩余药物倒入池塘、河流等水体。

◎该药对水稻根系有良好的促进生长和保健的作用。

◎用该药进行种子处理或者浇根使用，对于茄科、葫芦科及叶菜类等立枯病、猝倒病、根腐病、茎基腐病等亦有很好的防治效果。

咯菌腈*

英文名称：Fludioxoni
其他名称：卉友，适乐时
主要剂型及含量：25 克/升悬浮种衣剂、50% 可湿性粉剂

作用机理与特点

咯菌腈属苯基吡咯类杀菌剂，其作用机理主要是通过抑制葡萄糖磷酰化有关的运转，来抑制真菌菌丝体的生长，最终导致病菌死亡。该药剂高效、广谱、具触杀性，持效期长，且不易与其他杀菌剂产生交互抗性，对下茬作物安全。主要用于种子处理，可防治大部分种子带菌及土壤传播的真菌病害；还可用于粮食作物、蔬菜作物及观赏植物等的叶面处理。作种子处理安全性极好，不影响出苗，还能促使种子提前出苗。在土壤中稳定，在种子及幼苗根际形成保护区，可提供长期保护，以防止病菌入侵。

防治对象与使用方法

可防治大部分作物种子携带及土壤传播的链格孢属、壳二孢属、曲霉属、镰孢属、长蠕孢属、丝核菌属及青霉属等病原菌引起的真菌病害。

●棉花立枯病、大豆根腐病、花生根腐病：每 100 千克种子，用 25 克/升悬浮种衣剂 600~800 毫升进行种子包衣。

●水稻恶苗病：每100千克种子，用25克/升悬浮种衣剂400~600毫升进行包衣或200~300毫升对水浸种。

●小麦根腐病：每100千克种子，用25克/升悬浮种衣剂150~200毫升进行包衣。

●小麦腥黑穗病：每100千克种子，用25克/升悬浮种衣剂100~200毫升进行包衣。

●豇豆立枯病：每100千克种子，用25克/升悬浮种衣剂400~800毫升进行包衣。

●西瓜枯萎病：每100千克种子，用25克/升悬浮种衣剂400~600毫升进行包衣。

专家点评

◎因咯菌腈与吡唑醚菌酯和苯醚甲环唑之间无交互抗性关系，而与异菌脲和腐霉利之间存在正交互抗性关系，应与吡唑醚菌酯、苯醚甲环唑等药剂交替使用，而在异菌脲、腐霉利等药剂产生抗性的地区，应慎用或者不用。

◎农药泼洒在地，立即用沙、锯末、干土吸附，把吸附物集中深埋。曾经泼洒的地方用大量清水冲洗。回收药物不得再用。

◎经处理种子播后必须盖土。经处理种子绝对不得用来喂禽畜，严禁用来加工饲料或食品。

◎该药为低毒杀菌剂，对人、畜低毒，对鸟类、蜜蜂无毒，但对鱼中毒。

精甲·咯菌腈

其他名称：亮盾

主要剂型及含量：25克/升、62.5克/升悬浮种衣剂

作用机理与特点

精甲·咯菌腈由咯菌腈和精甲霜灵两种作用机理不同的杀菌剂复配而成。咯菌腈主要抑制葡萄糖磷酰化有关酶的转移，来抑制真菌菌

丝体的生长，最终导致病菌死亡。而精甲霜灵是一种核糖体 RNAI的合成抑制剂，可被植物的根、茎、叶吸收，并随植物体内水分运转而转移到植物的各个器官。

防治对象与使用方法

●水稻恶苗病、立枯病：每100千克种子，用62.5克/升悬浮种衣剂300毫升对水至约2升进行包衣(如需浸种，需包衣后浸种)。

●大豆根腐病、疫霉根腐病：每100千克种子，用62.5克/升悬浮种衣剂300毫升对水至约500毫升进行包衣。

●花生、玉米茎腐病、根腐病：每100千克种子，用35克/升悬浮种衣剂400毫升对水至约600毫升进行包衣。

●蔬菜立枯病、猝倒病：育苗期，种子包衣处理或用62.5克/升1 000~1 500倍液浇灌苗床；移栽后，用62.5克/升悬浮种衣剂1 000~1 500倍液淋浇根部。

●蔬菜根腐病、疫霉根腐病：移栽后，用62.5克/升悬浮种衣剂1 000~1 500倍液淋浇根部。

●西甜瓜猝倒病、根腐病、枯萎病：亩用62.5克/升悬浮种衣剂100毫升灌根处理。

专家点评

◎用该药剂处理水稻种子，可以提高种子的出苗率，使秧苗整齐，根系发达，生长健壮，成苗率高，移栽后返青快，分蘖多，生长旺。

◎也可在叶菜类、小香葱等作物上用62.5克/升悬浮种衣剂1 500倍液叶面喷雾防治疫病、霜霉病、灰霉病等病害，同时可以起到绿叶的作用。

甲基硫菌灵*

英文名称：Thiophanate-Methyl
其他名称：甲基托布津，日友甲托
主要剂型及含量：50%、70% 可湿性粉剂，36%、50%、500克/升悬浮剂

作用机理与特点

甲基硫菌灵属苯并咪唑类内吸性杀菌剂，施用后在植物体内转化为多菌灵，抑制病原真菌菌丝、芽管或吸器的正常生长，阻碍细胞有丝分裂中纺锤体的形成。具有预防和治疗作用，速效性好、持效性长，对碱稳定，能和多种农药混用，但不宜和含铜的药剂混用。

防治对象与使用方法

对赤霉病、菌核病、灰霉病、炭疽病等多种病害有效。

●黄瓜白粉病、炭疽病、茄子、葱头、芹菜、番茄、菜豆等灰霉病、炭疽病、菌核病：在发病初期，用50%可湿性粉剂1 000~1 500倍液喷雾，每隔7~10天防治1次，连续防治3~4次。

●莴苣灰霉病、菌核病：可用50%可湿性粉剂700倍液喷雾。

●大丽花花腐病、月季褐斑病、海棠灰斑病、君子兰叶斑病：发病初期，亩用50%可湿性粉剂83~125克，对水50升喷雾，共喷3~5次。

●苹果轮纹病、炭疽病：用50%可湿性粉剂400~600倍液喷雾，每隔10天防治1次。

●葡萄褐斑病、炭疽病、灰霉病、桃褐腐病：用50%可湿性粉剂600~800倍液喷雾。

●柑橘青霉病、绿霉病：在柑橘采摘后立即用40%胶悬剂400~600倍液，浸果实2~3分钟，捞出晾干装框。

●麦类黑穗病：每100千克麦种，用50%可湿性粉剂200克对水4升拌种处理，然后闷种6小时。

●小麦赤霉病：始花期亩用50%可湿性粉剂75~100克对水50升喷雾，5~7天后再防治1次。

●烟草、桑树白粉病：用50%可湿性粉剂2 500~3 000倍液喷雾。

●花生叶斑病：在病害盛发期，用50%可湿性粉剂4 000～5 000倍液喷雾。

●甘薯黑斑病：用50%可湿性粉剂1 000～2 000倍液浸种薯10分钟。

专家点评

◎不能与碱性及无机铜制剂混用。

◎长期单一使用易产生抗性，与苯并咪唑类杀菌剂有交互抗性，应注意与其他药剂轮用。

◎药液溅入眼睛可用清水或2%苏打水冲洗。

◎属低毒性杀菌剂，对鱼、鸟类、蜜蜂低毒，对兔皮肤和眼睛无刺激作用，在试验条件下无慢性毒性。

腈苯唑*

英文名称：Fenbuconazole
其他名称：初秋，应得，唑菌腈，苯腈
主要剂型及含量：24% 悬浮剂

作用机理与特点

腈苯唑属三唑类杀菌剂。其作用机理是通过抑制病菌麦角甾醇的生物合成，阻止已发芽的病菌孢子侵入作物组织，抑制菌丝的伸长。具有预防和治疗作用，高效、低毒、低残留，具内吸传导性。在病菌潜伏期使用，能阻止病菌的发育；在发病后使用，能使下一代孢子变形，失去侵染能力。

防治对象与使用方法

主要用于黑星病、白粉病、锈病、黑斑病等多种作物病害的防治。

●菜豆锈病、蔬菜白粉病：发病初期，亩用24%悬浮剂18～75毫升，对水30～50升喷雾，隔5～7天防治1次，连续防治2～4次。

●桃树褐斑病：发病初期，用24%悬浮剂2 500～3 200倍液喷雾，隔7～10天防治1次，连续防治2～3次。

●梨黑星病：发病初期，用24%悬浮剂6 000倍液喷雾，隔7～10

天防治 1 次，连续防治 2~3 次。

●梨黑斑病：发病初期，用 24%悬浮剂 3 000 倍液喷雾，隔 7~10 天防治 1 次，连续防治 2~3 次。

●禾谷类黑粉病、腥黑穗病：每 100 千克种子，用 24%悬浮剂 40~80 毫升拌种。

●麦类锈病：发病初期，亩用 24%悬浮剂 20 毫升，对水 30~50 升喷雾。

专家点评

◎建议与其他非三唑类杀菌剂轮换使用，以延缓或避免病菌产生抗药性。

◎该药属低毒杀菌剂，对作物安全，不产生药害，但对鱼有毒。

枯草芽孢杆菌*

英文名称：Bacillus subtilis
其他名称：枯草杆菌，依天得，天赞好，格兰
主要剂型及含量：100 亿芽孢 / 克、1 000 亿芽孢 / 克可湿性粉剂，200 亿芽孢 / 毫升可分散油悬浮剂，300 亿芽孢 / 毫升悬浮种衣剂，1 亿孢子 / 毫升水剂，1 亿活芽孢 / 克微囊粒剂，10 亿个 / 克水乳剂

作用机理与特点

枯草芽孢杆菌是芽孢杆菌属的一种，是一种微生物源低毒杀菌剂，属微生物菌剂，主要通过竞争作用、溶菌作用、产生抗菌物质和生物夺氧这四种作用机制到抑菌目的。枯草芽孢杆菌通过成功定殖至植物根际、体表或体内，与病原菌竞争植物周围的营养，分泌抗菌物质以抑制病原菌生长，同时诱导植物防御系统抵御病原菌入侵，从而达到生防的目的。枯草芽孢杆菌主要可以抑制由丝状真菌等植物病原菌所引起的多种植物病害。据报道，从作物的根际土壤、根表、植株及叶片上分离筛选出的枯草芽孢杆菌菌株对不同作物的众多真菌和细菌病害具有拮抗作用。该药使用安全，不污染环境，没有残留，用作包衣处理种子后，具有防病，刺激作物生长，增产增收的多重作用。

防治对象与使用方法

适用作物和防治对象广泛，目前生产上主要用于防治黄瓜白粉病，黄瓜灰霉病，草莓灰霉病，番茄青枯病，棉花黄萎病及水稻恶苗病、白叶枯病、细菌性条斑病等。枯草芽孢杆菌主要用于喷雾，也可灌根、拌种及种子包衣等。

● 灰霉病、白粉病：亩用1000亿芽孢/克可湿性粉剂50~60克喷雾。

● 黄萎病：亩用10亿芽孢/克可湿性粉剂5~100克喷雾，或按1∶10~15药种比，拌种。

● 青枯病：用10亿芽孢/克可湿性粉剂600~800倍液灌根，每株施用150~250毫升。

● 细菌性条斑病、白叶枯病、恶苗病：用1万芽孢/毫升悬浮种衣剂按1:40药种比，种子包衣。

专家点评

◎ 不能与含铜离子药剂、乙蒜素及链霉素等杀菌剂混用。

◎ 包衣种子可贮存一个播种季节。

◎ 在密封、避光、低温（15℃）条件下贮存。

◎ 对鱼、蜜蜂低毒。

喹啉铜*

英文名称：Oxine-copper
其他名称：必绿，净果精
主要剂型及含量：33.5%、40% 悬浮剂，50% 水分散粒剂，50% 可湿性粉剂

作用机理与特点

喹啉铜是一种喹啉类保护性低毒杀菌剂，属有机铜螯合物，广谱、高效、低残留，使用安全。其作用机理是抑制病菌孢子新陈代谢，控制细胞再次分裂和分化，又可利用螯合铜被萌发的病原菌孢子吸收，直接在病原菌内部杀死孢子细胞，从而达到防病治病的作用。对真菌性、细菌性病害均具有良好的预防和治疗作用。同时，铜又是作物必需的微量元素，可供作物吸收利用，起到肥效作用。

防治对象与使用方法

●晚疫病、细菌性溃疡病：亩用 33.5%悬浮剂 60~80 毫升对水 45~60 升，或 50%可湿性粉剂 40~60 克对水 45~60 升喷雾。

●疫病、溃疡病、疮痂病、霜霉病：亩用 33.5%悬浮剂 80~100 毫升对水 60~75 升，或 50%可湿性粉剂 60~80 克对水 60~75 升喷雾。

●霜霉病、细菌性叶斑病：亩用 33.5%悬浮剂 80~100 毫升对水 45~75 升，或 50%可湿性粉剂 60~80 克对水 45~75 升喷雾。

专家点评

◎不能与强酸及碱性农药混用。

◎不能与含有其他金属离子的药剂混用。

◎作物安全采收期为 15 天。

◎对鱼高毒，对蜜蜂低毒。

氯溴异氰尿酸

英文名称：Chloroisobromine cyanuric acid
其他名称：消菌灵，灭均成，农爱多
主要剂型及含量：50% 可湿性粉剂，50% 可溶粉剂

作用机理与特点

氯溴异氰尿酸是一种高效、广谱、新型内吸性杀菌剂，能在作物表面慢慢地释放 Cl- 和 Br- ，形成次氯酸（HOCl）和溴酸（HOBr）而具有强烈的杀菌作用。可杀灭各种细菌、藻类、真菌；而且该药剂含钾盐及微量元素，可促进作物营养生长。

防治对象与使用方法

●细菌性条斑病、条纹叶枯病、白叶枯病、稻瘟病、纹枯病、恶苗病、根腐病：发病初期或发病前亩用 50%可湿性粉剂 1 000~1 500 倍液喷雾。

●角斑病、腐烂病、霜霉病、枯萎病、青枯病：发病初期或发病前亩用 50%可湿性粉剂 1 000~1 500 倍液喷雾。

●姜瘟病、叶斑病、溃疡病、疮痂病、黑星病、穿孔病、黑痘病：用50%可湿性粉剂1 000~1 500倍液喷雾。

专家点评

◎安全间隔期5~7天。

◎混用时应先将氯溴异氰尿酸溶于水稀释后再加其他农药，现配现用。不要与碱性农药和有机磷农药混配使用。

◎对鱼低毒。

咪鲜胺

英文名称：Prochloraz
其他名称：施保克，使百克
主要剂型及含量：25%、250克/升乳油，40%、45%、450克/升水乳剂

作用机理与特点

咪鲜胺为咪唑类杀菌剂，具有预防、保护和治疗等多重作用，高效、广谱、低毒，无内吸作用，但有渗透传导功能；速效性好，持效期长，对子囊菌引起的病害防效极佳，对半知菌类引起的病害也有较高的活性。不易被雨水冲刷，在土壤中降解为易挥发的代谢物，对土壤生物低毒。

防治对象与使用方法

●柑橘（果）蒂腐病、绿霉病、青霉病、炭疽病：用450克/升水乳剂1 000~2 000倍液，浸果使用。

●水稻恶苗病：用450克/升水乳剂4 000~8 000倍液，浸种。

●杧果炭疽病：用450克/升乳油450~900倍液浸果，或用450克/升乳油900~1 500倍液喷雾。

●香蕉冠腐病、炭疽病：用450克/升水乳剂900~1 800倍液，浸果。

专家点评

◎不能与强碱性与强酸性的药剂混用。

◎喷雾最佳用药时期为病害发生初期，建议与不同作用机制的杀菌剂交替或轮换使用。

嘧菌环胺 *

英文名称：Cyprodinil
其他名称：瑞镇
主要剂型及含量：50% 水分散粒剂

作用机理与特点

嘧菌环胺属嘧啶胺类杀菌剂，具有保护治疗活性，内吸性强，传导性好。其作用机理是抑制真菌水解酶的分泌和蛋氨酸的生物合成，干扰真菌生命周期，抑制病原菌穿透，破坏植物体中病原菌丝体的生长。同三唑类、咪唑类、吗啉类、二羧酰亚胺类、苯基吡咯类等无交互抗性，对半知菌和子囊菌引起的灰霉病和斑点落叶病等具有较好的防治效果，非常适用于病害综合治理。

防治对象与使用方法

●葡萄、辣椒、草莓灰霉病：发病前或发病初期用 50%水分散粒剂 1 000 倍液喷雾，间隔 7~10 天防治 1 次，连续防治 2~3 次。

●油菜菌核病：在油菜主茎盛花期至第一分枝盛花期，用 50%水分散粒剂 800~1 000 倍液喷雾，重点喷施植株中下部，间隔 7~10 天防治 1 次，连续防治 2~3 次。

专家点评

◎高温下，某些茄果类作物较敏感，例如番茄和长茄，需要小面积测试后使用。

◎于病害发病前或者发病初期使用，利于提高防治效果和减缓抗性的产生。

◎对鱼中毒，对蜜蜂低毒。

嘧菌酯 *

英文名称：Azoxystrobin
其他名称：安灭达，阿米西达，腈嘧菌酯
主要剂型及含量：25%、250克/升悬浮剂，50%水分散粒剂

作用机理与特点

嘧菌酯为 β 甲氧基丙烯酸酯（Strobilurin）类杀菌剂。其作用机理是通过抑制病原菌线粒体的呼吸作用来阻止其能量合成，从而抑制孢子的萌发和菌丝生长。具有高效、广谱、低毒、内吸性强、渗透效果好等特点。

防治对象与使用方法

对子囊菌亚门、担子菌亚门、鞭毛菌亚门和半知菌亚门等真菌引起的病害，如锈病、蔓枯病、炭疽病、早疫病等均有良好防效，主要用于谷物、水稻、花生、葡萄、马铃薯、果树、蔬菜、咖啡、草坪等。

●黄瓜霜霉病，辣椒炭疽病，番茄早疫病：发病初期亩用250克/升悬浮剂1 000~2 000倍液喷雾。

●西瓜炭疽病：发病初期亩用250克/升悬浮剂1 500倍液喷雾。

●甜瓜蔓枯病：发病初期亩用250克/升悬浮剂1 000倍液喷雾。

●柑橘炭疽病、疮痂病、黄瓜白粉病：发病初期亩用250克/升悬浮剂1 250倍液喷雾。

●黄瓜褐斑病：发病初期亩用250克/升悬浮剂40~60毫升对水45升喷雾。

●香蕉尾孢菌叶斑病：发病初期或发病前亩用250克/升悬浮剂1 250倍液喷雾，每隔10天防治1次，连续防治2~3次。

专家点评

◎不宜与乳油剂型农药混用。因嘧菌酯与二甲苯可产生化学反应，影响药效，而乳油剂型农药大部分含二甲苯。

◎在推荐剂量下，除茭白、保护地番茄移栽2周内及少数苹果品

种和烟草生长早期外，对作物安全，也不会影响种子发芽和栽播下茬作物。

◎使用该药后能提高产量、改善品质，且使用剂量低、对环境友好，非常适合有害生物综合治理中应用。

◎属低毒杀菌剂，对人畜低毒，对兔皮肤和眼睛稍有刺激，鸟类低毒，蜜蜂、蚯蚓等多种节肢动物安全。

嘧霉胺 *

英文名称：Pyrimethanil
其他名称：施佳乐
主要剂型及含量：20% 可湿性粉剂，20%、40%、400克/升悬浮剂，80% 水分散粒剂

作用机理与特点

嘧霉胺属苯胺基嘧啶类杀菌剂，其作用机理是通过抑制病菌侵染酶的产生而阻止病菌的侵染并杀死病菌，具有内吸传导和熏蒸作用以及叶片穿透、根部内吸活性。

防治对象与使用方法

主要用于蔬菜、果树等农作物灰霉病的防治。

●黄瓜、番茄灰霉病：发病前或发病初期，亩用 40%悬浮剂 25～95毫升，对水30～75升喷雾，每隔7～10天防治1次，连续防治2～3次。

●葡萄灰霉病：用 40%悬浮剂 1 000～1 500倍液喷雾。

专家点评

◎每茬作物最多施用 4次，黄瓜、番茄上安全间隔期 3天。

◎在植株幼嫩期应控制使用浓度，气温高于 28℃时不宜施用，避免产生药害。

◎嘧霉胺与三唑类、二硫代氨基甲酸酯类、苯并咪唑类及乙霉威等无交互抗性，因此对敏感或抗性病原菌均有优异的活性。

◎在正常使用情况下，对蜜蜂、鸟类、家蚕、鱼类、蛙类、蚯蚓等有益生物相对安全。

棉隆*

英文名称：Dazomet
其他名称：必速灭
主要剂型及含量：98% 微粒剂

作用机理与特点

棉隆为硫代异硫氰酸甲酯类杀线虫剂，其作用机理是施用于潮湿的土壤中时，会产生一种异硫氰酸甲酯气体，迅速扩散至土壤中，有效地杀死各种线虫。该药剂杀线虫谱广，低毒，具有熏蒸作用，同时能兼治真菌、地下害虫和杂草。

防治对象与使用方法

登记可使用的作物：草莓、番茄（保护地）、花卉、姜、菊科和蔷薇科观赏花卉。对根瘤线虫、茎线虫、异皮线虫有杀灭作用。有杀虫、杀菌和除草作用，因此能兼治土壤真菌、地下害虫和藜属杂草，如马铃薯丝核菌、土壤中鳞翅目昆虫、叩头虫、五月金龟甲的幼虫等。该药剂在土壤中分解生成甲胺基甲基二硫代氨基甲酸酯，并进一步生成异硫氰酸甲酯。能有效地防治线虫和土壤真菌，如猝倒病菌、丝核病菌、镰刀菌等，还能抑制许多杂草生长。棉隆对棉花黄枯萎病有较好的防治效果。

先进行旋耕整地，浇水保持土壤湿度，亩用98%微粒剂20~30千克，进行沟施或撒施，旋耕机旋耕均匀，盖膜密封20天以上，揭开膜敞气15天后播种。用98%微粒剂750~900克/100立方米砂土、900~1 050克/100立方米黏土做土壤处理，撒施或沟施，可防治蔬菜、花生线虫病。用75%可湿性粉剂1 125克/100立方米，可防治马铃薯根线虫病。

专家点评

◎药效后受土壤温湿度以及土壤结构影响较大，使用时土壤温度应大于12℃，12~30℃最宜，土壤湿度大于40%（湿度以手捏土能成团，1米高度掉地后能散开为标准）。

　　◎夏季施药要在早上9点前和下午4点后，以避开高温。

　　◎因为棉隆具有灭生性的原理，不能与生物药肥同时使用。

　　◎对鱼中毒，对蜜蜂低毒。

木霉菌

英文名称：Trichoderma SP

其他名称：哈茨木霉

主要剂型及含量：1亿孢子/克水分散粒剂，2亿孢子/克、10亿孢子/克可湿性粉剂

作用机理与特点

　　木霉菌为新型生物杀菌剂。通过营养竞争、微寄生、细胞壁分解酵素、以及诱导植物产生抗性等机制，对于多种植物病原菌具有拮抗作用，具有保护和治疗双重功效，可有效防治土传性真菌病害，在苗床使用木霉菌剂，可提高育苗与移植的成活率，保持秧苗健壮生长。也可用于防治灰霉病。该药持效期长，作用位点多，不产生抗药性，突破常规杀菌剂受限条件，不怕高湿，而且湿度越大防治效果越好。并能改良土壤，破除板结，提高土壤通透性及根系供氧量。

防治对象与使用方法

　　可抑制多种植物真菌病，防治蔬菜根结线虫病，还可有效降低白绢病、茎基腐病和炭疽病的发病程度。

　　●黄瓜、苦瓜、南瓜、扁豆等蔬菜白绢病：亩用1亿孢子/克水分散粒剂400~450克拌细土50千克，撒施。

　　●黄瓜、番茄根腐病、猝倒病、立枯病：可用1亿孢子/克水分散粒剂拌种，用药量为种子量的5%~10%。

专家点评

　　◎不能与碱性、酸性农药混用，不能与杀菌剂混用。可与多数生物杀虫剂和化学杀虫剂混用。

　　◎用药后8小时内遇降雨冲刷，应在晴天后补施。

◎药剂要保存在阴凉、干燥处，防治受潮和光线照射。

◎远离水产养殖区用药，禁止在河塘等水体中清洗施药器具。

氢氧化铜*

英文名称：Copper hydroxide

其他名称：可杀得，添金，冠菌铜，菌标

主要剂型及含量：77% 可湿性粉剂，57.6%、53.8%、46% 水分散粒剂，37.5% 悬浮剂

作用机理与特点

氢氧化铜属无机铜类保护性杀菌剂，其作用机理是药剂喷施在叶面上，叶面上的酸性物质使氢氧化铜变成可溶物，释放出铜离子与真菌体内蛋白质中的 −SH、−NH$_2$、−COOH、−OH等基团起作用，导致病菌死亡。

防治对象与使用方法

可用于防治蔬菜、果树等作物上的真菌和细菌性病害，主要有番茄早疫病、葡萄霜霉病、白粉病和柑橘溃疡病等。

●番茄早疫病：发病前或发病初期亩用 77%可湿性粉剂 136~200 克对水 30~45 升喷雾。

●葡萄霜霉病：发病前或发病初期亩用 77%可湿性粉剂 600~700 倍液喷雾。

●黄瓜角斑病：发病前或发病初期亩用 77%可湿性粉剂 150~200 克对水 30~45 升喷雾。

●柑橘、柚、橙溃疡病：发病前或发病初期用 77%可湿性粉剂 400~600 倍液喷雾，间隔 10 天防治 1 次，连续防治 3 次。

专家点评

◎对铜敏感作物如桃、李、梨、苹果、柿子树、白菜、大豆、小麦等慎用。在高温、高湿和有露水情况下禁用，作物开花期慎用。

◎不能与酸性物质和多硫化钙混用。不能与石硫合剂及遇铜分解的农药混用，也不能与遇碱分解的农药混用。

◎属保护性杀菌剂，宜在发病前或发病初期施用。

◎对家蚕、鱼类有毒，防止污染鱼塘及桑园、蚕室。

氰氨化钙*

英文名称：Calcium cyanamide

其他名称：石灰氮

主要剂型及含量：50% 颗粒剂

作用机理与特点

氰氨化钙是一种缓效型碱性药肥产品，具有药肥双重功效。其在土壤中与水反应，生成氢氧化钙和氰胺，氰胺水解生成尿素，最后分解成碳酸氢铵，碱性土壤中氰胺进一步聚合成双氰胺。氰胺和双氰胺具有消毒、灭虫、防病的作用，双氰胺更是一种硝化抑制剂，可以延缓铵态氮向硝态氮的转化，从而保持土壤中较高的铵态氮水平，提高氮肥利用率。其含有的氧化钙成分在水解释放产生大量的热而具有消毒作用。氰氨化钙能够调节土壤 pH 值从而有效解决连茬作物障碍问题。

防治对象与使用方法

登记可使用的作物：番茄、黄瓜、水稻。其作为杀菌剂主要用于根结线虫、根肿病以及枯萎病、莲藕腐败病等土传病害的防治，对灭血防钉螺以及福寿螺也具有一定杀灭作用。

●根结线虫、地下害虫：在番茄定植前15天、黄瓜定植前10天亩用 50%颗粒剂 48~64 千克沟施。

●福寿螺：在水稻播前 10~15 天或收割后亩用 50%颗粒剂 33~55 千克均匀撒施。

专家点评

◎适用于 pH 值低于 7 的土壤。

◎严禁用于养鱼田，谨防含有氰氨化钙的水流入人工鱼池、鱼塘，禁止在河塘等水域内清洗施药器具。

◎对蜜蜂低毒，对鱼类低毒，但施药后水体环境 pH 值较高，水体不能做人工鱼卵、蟹苗和蚌苗孵化水的循环水。

◎池塘、沟渠灭螺水体至少 15 天后方可用于作物灌溉。

◎作业前后 24 小时内，不得喝酒或含有酒精的饮料。

氰霜唑 *

英文名称：Cyazofamid
其他名称：氰霜唑，科佳
主要剂型及含量：20%、35%、100 克 / 升悬浮剂，
25% 可湿性粉剂

作用机理与特点

氰霜唑属磺胺咪唑类杀菌剂，作用机制是阻断病菌体内线粒体细胞色素 bc1 复合体的电子传递来干扰能量的供应，其结合部位为酶的 Q 中心，称为 QiI（Quinone inside Inhibitors）类杀菌剂，与其他杀菌剂无交叉抗性。其对病原菌的高选择活性是由于靶标酶对药剂的敏感程度差异造成的。

防治对象与使用方法

登记可使用的作物：大白菜、番茄、观赏菊花、观赏玫瑰、黄瓜、荔枝树、马铃薯、葡萄、蔷薇科观赏花卉、西瓜。对霜霉病，疫病，根肿病，猝倒病等有特效，对卵菌纲真菌如霜霉菌、假霜霉菌、疫霉菌、腐霉菌以及根肿菌纲的芸薹根肿菌具有很高的生物活性。

●马铃薯、番茄、黄瓜、白菜等瓜果蔬菜病害：亩用 100 克 / 升悬浮剂 53~66 毫升，对水 30~45 升喷雾。

●葡萄、荔枝等果树病害：发生前或发生初期用 100 克 / 升悬浮剂 2 000~2 500 倍液喷雾，每隔 7~10 天防治 1 次。

●根肿病：亩用 100 克 / 升悬浮剂 150~180 毫升灌根。

●霜霉病：发病前或发病初期，用 10% 悬浮剂 2 000 倍液喷雾。

●大豆根腐病：用 10% 悬浮剂 1 000~2 000 倍液喷雾。

专家点评

◎不与碱性药剂混用。

◎与不同类型杀菌剂交替使用，避免产生抗药性。

◎必须在发病前或发病初期使用，施药间隔期 7~10 天。

◎悬浮剂在使用前必须充分摇匀，并采用二次稀释法。

◎有一定的内吸性，但不能传导到新叶，施药时应均匀喷雾到植株全部叶片的正反面，喷药量应根据对象作物的生长情况、栽培密度等进行调整。

◎对卵菌纲病菌以外的病害没有防效，如其他病害同时发生，要与其他药剂混合使用。

◎在黄瓜、番茄上的安全间隔期为 3 天，每季作物最多使用 3~4 次。

◎对鱼中毒，对蜜蜂低毒。

噻呋酰胺 *

英文名称：Thifluzamide
其他名称：满穗
主要剂型及含量：240 克 / 升悬浮剂

作用机理与特点

噻呋酰胺是苯酰胺类杀菌剂，具有内吸传导治疗作用，其作用机理是通过抑制病原菌的三羧酸循环中琥珀酸脱氢酶的活性、阻碍病原菌能量的生成，而导致菌体死亡。对立枯丝核菌是有较高的活性。

防治对象与使用方法

●花生白绢病：发病前或发病初期，亩用 240 克 / 升悬浮剂 1 500 倍液喷雾。

●马铃薯黑痣病：发病前或发病初期，亩用 240 克 / 升悬浮剂 1 500 倍液喷雾。

●水稻纹枯病：发病前或发病初期，亩用 240 克 / 升悬浮剂 1 500 倍液喷雾。

●小麦纹枯病：发病前或发病初期，亩用 240 克 / 升悬浮剂 1 500 倍液喷雾。

专家点评

◎该药对叶部病原物引起的病害，如花生褐斑病、黑斑病效果不佳。

◎喷药时注意均匀地喷在种薯的周围；避免大量喷在种薯上或者直接用种薯浸种、防止浓度集中造成降低发芽率。

◎施药后要尽可能早一点将喷过的土壤掩埋种薯、以确保药效。

◎具有很强的内吸性，作物幼苗期慎用。西甜瓜对该药剂敏感，应谨慎使用。

◎对鱼类等水生生物有中等毒性，应远离水产养殖区施药，禁止在河塘等水体清洗施药器具。

噻菌铜

英文名称：Thiodiazole copper
其他名称：龙克菌
主要剂型及含量：20% 悬浮剂

作用机理与特点

噻菌铜为噻唑类有机铜杀菌剂。药剂中的噻唑基团通过导管对细菌造成严重损害，能使细菌细胞壁变薄，继而瓦解，死亡；其铜离子与病原菌细胞膜表面上的阳离子（H^+K^+T等）交换，导致病菌细胞膜上的蛋白质凝固而杀死病菌，部分铜离子渗透进入病原菌细胞内与某些酶结合，影响其活性，导致病菌机能失调而衰竭死亡。具有内吸、治疗和保护作用，既杀细菌又杀真菌，持效期长，药效稳定，对作物安全。属低毒杀菌剂。

防治对象与使用方法

登记可使用的作物：大白菜、番茄、柑橘、黄瓜、兰花、马铃薯、棉花、水稻、桃树、西瓜、烟草、猕猴桃树。主要防治细菌性病害，对真菌性病害也有较高的防效。

●西瓜枯萎病、大白菜软腐病：发病前或发病初期亩用20%悬浮剂 75~100 克对水喷雾。

●水稻白叶枯病：发病前或发病初期亩用 20%悬浮剂 100~130 克对水喷雾。

●水稻细菌性条斑病：发病前或发病初期亩用 20%悬浮剂 125~160 克对水喷雾。

●黄瓜角斑病：发病前或发病初期亩用 20%噻菌铜悬浮剂 83~166 克对水喷雾。

●猕猴桃树溃疡病、桃树细菌性穿孔病：发病前或发病初期用 20%悬浮剂 300~700 倍液喷雾。

专家点评

◎每季施用不超过 3 次。水稻安全间隔期为 15 天，黄瓜安全间隔期为 3 天。

◎二次稀释配药。使用时，先用少量水将悬浮剂搅拌成浓液，然后加水稀释。

◎不与碱性农药混用。

噻霉酮

英文名称：Benziothiazolinone
其他名称：菌立灭
主要剂型及含量：3% 水分散粒剂，3% 微乳剂，5% 悬浮剂，1.5% 水乳剂，1.6% 涂抹剂

作用机理与特点

噻霉酮属有机杂环类杀菌剂，其作用机理是破坏病菌细胞核结构，使其失去心脏部位而衰竭死亡和干扰病菌细胞的新陈代谢，使其生理紊乱，最终导致死亡两个方面。具有保护和铲除双重作用、杀菌谱广特点。

防治对象与使用方法

主要防治黄瓜霜霉病、梨黑星病、苹果疮痂病、柑橘炭疽病、葡萄黑痘病等。

●桃树穿孔病：用1.5%水乳剂800倍液喷雾，每隔7天防治1次。

●黄瓜霜霉病、梨黑星病：用1.5%水乳剂800倍液喷雾，每隔5~7天防治1次，连续防治2~3次。

●枸杞黑果病：发生初期用1.5%水乳剂800~1000倍液喷雾，每隔5~7天防治1次，连续防治2~3次。

专家点评

◎黄瓜安全间隔期为3天，每季最多使用3次。

◎与其他作用机制不同的杀菌剂轮换使用，以延缓病菌抗药性产生。

◎禁止在河塘等水体中清洗施药器具，避免污染水源。远离水产养殖区、河塘等水域施药。

◎对蜜蜂、家蚕低毒，对鸟中等毒，鸟类保护区禁用。

噻森铜

主要剂型及含量：20%、30% 悬浮剂

作用机理与特点

噻森铜属噻唑类有机铜杀菌剂，其以噻唑基团和铜离子双基团杀菌。药剂在植物的孔纹导管中，使细菌受到严重损害，使细菌细胞壁变薄，继而瓦解，导致细菌死亡。该药剂以动态平缓稳定地释放水溶性铜离子，具有很强的内吸性，有预防和治疗双重作用。

防治对象与使用方法

主要用于防治大白菜软腐病、番茄青枯病、水稻白叶枯病和细菌性条斑病、西瓜角斑病等。

●大白菜软腐病：发病前或发病初期亩用20%悬浮剂120~200毫升，对水60升喷雾，每隔7天左右防治1次，防治2~3次。

●番茄青枯病：发病前或发病初期用20%悬浮剂300~500倍液喷

植株基部或灌根，每隔7天左右防治1次，连续防治4~5次。

●水稻白叶枯病和细菌性条斑病：发病前或发病初期亩用20%悬浮剂100~125毫升，对水50升喷雾，每隔7天左右防治1次，防治2~3次。

●西瓜角斑病：发病前或发病初期亩用20%悬浮剂100~160毫升，对水喷雾。

专家点评

◎对铜敏感作物在花期及幼果期慎用。

◎在酸性条件下稳定，不可与强碱性农药混用，不能与含铁、锌、三乙膦酸铝等含金属离子的药剂混合使用。

◎远离水产养殖区施药，禁止在河塘等水域清洗设施器具。

◎赤眼蜂等天敌释放区域禁用。

◎对人畜低毒，对鱼、鸟、蜜蜂、家蚕均低毒。

噻唑锌*

英文名称：Zinc-Thiazole
其他名称：乾运，碧生
主要剂型及含量：20%、30%、40% 悬浮剂

作用机理与特点

噻唑锌属噻唑类有机锌杀菌剂，其噻唑基团在植株的孔纹导管中，使细菌受到严重损害，使细胞壁变薄继而瓦解，导致细菌的死亡。药剂中的锌离子与病原菌细胞膜表面上的阳离子（H^+，K^+等）交换，导致病菌细胞膜上的蛋白质凝固而杀死病菌；部分锌离子渗透进入病原菌细胞内与某些酶结合，影响其活性，导致病菌机能失调而衰竭死亡。具有很好的保护和治疗作用，内吸性好，既杀真菌又杀细菌。在两个基团的共同作用下，杀病菌更彻底，防治效果更好，防治对象更广泛。

防治对象与使用方法

●柑橘溃疡病：发病前或发病初期用40%悬浮剂670~1 000倍，

对水喷雾。

●黄瓜细菌性角斑病、水稻细菌性条斑病：发病前或发病初期亩用 40% 悬浮剂 500～800 倍液喷雾。

●桃树细菌性穿孔病：发病前或发病初期用 40% 悬浮剂 600～1 000 倍液喷雾。

专家点评

◎是目前市场上比较安全的细菌性病害防治制剂。

◎具有补锌促生根壮苗等保健功能。

◎可以与大多数杀虫剂、杀菌剂、生长调节剂混用。

三环唑 *

英文名称：Tricyclazole
其他名称：克瘟唑，稻艳
主要剂型及含量：20%、75% 可湿性粉剂

作用机理与特点

三环唑是一种保护性三唑类杀菌剂，其作用机理是抑制附着孢黑色素的形成，从而抑制孢子萌发和附着孢形成，阻止病菌侵入和减少病菌孢子的产生。以预防保护作用为主，具有较强的内吸性，能迅速被水稻根茎叶吸收，并输送到稻株各部，一般在喷洒后 2 小时稻株内吸收药量即可达饱和。

防治对象与使用方法

●水稻叶瘟：在秧苗 3～4 叶期亩用 20% 可湿性粉剂 70～90 克，对水 40～50 升喷雾，或用 20% 可湿性粉剂 1 000 倍液浸种 48 小时后再催芽播种。

●水稻穗瘟：在水稻孕穗末期或破口初期，亩用 20% 可湿性粉剂 75～100 克对水 40～50 升喷雾。

专家点评

◎该药属保护性杀菌剂，治疗效果较差，应在病害发生前预防。浸种或拌种对芽苗稍有抑制但不影响后期生长。

◎防治穗茎瘟时，第一次用药必须在抽穗前。

◎勿与种子、饲料、食物等混放，发生中毒用清水冲洗或催吐，目前尚无特效解毒药。

◎该药属中等毒性杀菌剂，对兔眼和皮肤有轻度刺激作用，在试验剂量下无慢性毒性。对水生生物安全。对蜜蜂无毒，对家蚕有轻度影响。

申嗪霉素

英文名称：Phenazino-1-carboxylic acid
其他名称：绿群，好收成，润泽，珀乐
主要剂型及含量：1% 悬浮剂

作用机理与特点

申嗪霉素是抗生素杀菌剂，其利用氧化还原能力，在真菌细胞内积累活性氧，通过抑制线粒体中呼吸转递链的氧化磷酸化作用而抑制菌丝的正常生长，使植物病原真菌菌丝体断裂、肿胀、变形和裂解。具有抑制植物病原菌并促进植物生长作用的双重功能及广谱、高效的特点。

防治对象与使用方法

可用于防治西瓜枯萎病、辣椒疫病、黄瓜灰霉病和霜霉病、水稻纹枯病、稻瘟病、稻曲病等多种病害。

●土壤处理：土地施肥、翻耕后，亩用1%悬浮剂2 000毫升拌土撒入地面，大水浇灌，渗水土壤30厘米以上，7天后可播种移栽。

●西瓜枯萎病：西瓜移栽后，每株用1%悬浮剂300~500倍液250毫升灌根预防；在发病初期，每株用1%悬浮剂300~500倍液250毫升灌根，每隔7~10天防治1次，连续防治2~3次。

●黄瓜灰霉病、霜霉病：在发病前或发病初期，亩用1%悬浮剂750~1 000倍液喷雾。

●辣椒疫病：在发病前或发病初期，亩用1%悬浮剂750~1 000倍液喷雾。

●稻瘟病、稻曲病：亩用1%悬浮剂750~1 000倍液喷雾。防治稻曲病时应于破口前7天施药1次，破口期再施药1次。

●水稻纹枯病：在发病前或发病初期，亩用1%悬浮剂750~1 000倍液喷雾。

专家点评

◎西瓜、辣椒、水稻安全间隔期分别为7天、7天、14天，每季作物最多使用次数分别为3次、3次、2次。

◎与其他作用机制不同的杀菌剂轮换使用。

◎不能与碱性农药等物质混合使用。

◎对鱼中等毒性，不要在水产养殖区施药，禁止在河塘等水体中清洗施药器具。

◎禁止在开花植物花期、蚕室和桑园附近使用。

双胍三辛烷基苯磺酸盐

英文名称：Iminoctadine tris (albesilate)
其他名称：百可得
主要剂型及含量：40%可湿性粉剂

作用机理与特点

双胍三辛烷基苯磺酸盐属双胍盐类杀菌剂，其通过破坏病原菌的类酯化合物的合成和细胞膜机能，抑制孢子萌发、芽管伸长、附着袍和菌丝的形成。是触杀和预防性杀菌剂，具有杀菌谱广、局部渗透性强的特点，与目前常用的咪唑类杀菌剂无交互抗性。对柑橘贮藏期间的病害不但有良好的防治效果，而且能使果面光亮，提高柑橘商品的价值。

防治对象与使用方法

可防治番茄、柑橘、黄瓜、芦笋、苹果、葡萄、西瓜等作物由子囊菌和半知菌引起的病害。

●葡萄灰霉病、番茄灰霉病：发病前或发病初期，亩用40%可湿性粉剂800~1 000倍液喷雾，每隔7~10天防治1次，连续防治3~4次。

●西瓜蔓枯病、苹果树斑点落叶病：发病前或发病初期，用40%可湿性粉剂800~1 000倍液喷雾。

●芦笋茎枯病：用40%可湿性粉剂800~1 000倍液喷雾或涂茎。

●黄瓜白粉病：发病前或发病初期，用40%可湿性粉剂1 000~2 000倍液喷雾。

●柑橘青霉病、绿霉病：果实采收的当天，用40%可湿性粉剂1 000~2 000倍液浸果1分钟，捞出晾干，单果包装，在室温下贮藏。

●生菜灰霉病、菌核病：发病前或发病初期，用40%可湿性粉剂1 000倍液喷雾。

专家点评

◎果树谢花后20天内使用该药剂会造成锈果。对芦笋嫩茎可能造成轻微弯曲，但对母茎生长无影响。

◎对鱼中毒，对蜜蜂低毒。

双炔酰菌胺*

英文名称：Mandipropamid
其他名称：瑞凡
主要剂型及含量：23.4% 悬浮剂

作用机理与特点

双炔酰菌胺为扁桃酰胺类杀菌剂，其通过干扰致病菌的磷脂和细胞壁沉积物生物合成，从而抑制孢子的萌发和菌丝体的生长。可以被叶片迅速吸收，并停留在叶表蜡质层中，对叶片起到长效的保护，拥有跨层传导的活性，可以保护叶面的两侧。其活性很高，具有预防和治疗双重作用，低浓度能有效抑制孢子萌发，高浓度抑制产孢，对处于潜伏期的植物病害有较强的治疗作用。

防治对象与使用方法

●西瓜和辣椒等疫病：发病前或发病初期，亩用23.4%悬浮剂1 000~1 500倍液喷雾，连续使用2~3次，间隔期为7~10天，安全间隔期为5天。

●马铃薯晚疫病：发病前或发病初期，亩用23.4%悬浮剂1 000~1 500倍液喷雾，连续使用2~3次，间隔7~10天，安全间隔期为3天。

●番茄晚疫病：发病前或发病初期，亩用23.4%悬浮剂1 000~1 500倍液喷雾，连续使用2~3次，间隔7~10天，安全间隔期为7天。

●葡萄霜霉病：发病前或发病初期，用23.4%悬浮剂1 500~2 000倍液喷雾，连续使用2~3次，间隔7~14天，安全间隔期为3天。

专家点评

◎为获得最佳的防治效果，尽量于病害发生之前整株均匀喷雾。

◎推荐在作物冠层形成期以后使用或者对于新长出来的叶片补充喷药。如在作物快速生长期使用，建议配合金雷或者杀毒矾一起使用。

◎在连续阴雨或者湿度较大的环境中，或者当病情较重的情况下，建议使用较高的剂量。避免在极端温度和湿度下，或者作物长势较弱的情况下使用该药。

◎对鱼中毒，对蜜蜂低毒。

肟菌·戊唑醇*

其他名称：拿敌稳，稳腾
主要剂型及含量：75% 水分散粒剂

作用机理与特点

肟菌·戊唑醇由肟菌酯和戊唑醇复配而成，肟菌酯通过抑制真菌线粒体的呼吸，导致病原菌孢子不能发芽，并抑制菌丝生长和产孢，为甲氧基丙烯酸酯类杀菌剂，具有保护、渗透、半内吸活性，能被植物蜡质层吸收，渗透到植株组织中，并在植物体表再分布，具有非常优秀的保护活性。戊唑醇通过抑制其细胞膜上麦角甾醇的去甲基化，使得病菌无法形成细胞膜，从而杀死病菌，是一种高效、广谱、内吸性三唑类杀菌剂。肟菌·戊唑醇为高效、低毒、内吸性广谱杀菌剂，具有保护、治疗作用，持效期长。

防治对象与使用方法

可用于水稻纹枯病、稻曲病、葡萄白腐病、西瓜炭疽病等农作物病害的防治。

●蔬菜炭疽病、早疫病：发病初期用75%水分散粒剂3 000倍液喷雾。

●葡萄穗轴褐枯病、炭疽病、白腐病：开花前用75%水分散粒剂5 000~6 000倍液喷雾；硬核期用75%水分散粒剂3 000倍液喷雾。

●水稻纹枯病：未发病田块亩用75%水分散粒剂10克，已发病田块亩用75%水分散粒剂15克，对水30~45升喷雾。

●稻曲病：水稻孕穗末期亩用75%水分散粒剂15克对水45升喷雾。

●水稻叶瘟：发病初期亩用75%水分散粒剂15克对水45升喷雾。

●西瓜炭疽病、白粉病：发病初期用75%水分散粒剂2 000~3 000倍液喷雾，每隔10天防治1次，连续防治2~3次。

专家点评

◎该药剂能显著地提高产量，改善品质。

◎稻田施药后，不得将田水排入江河、湖泊、水渠以及水产养殖塘，严禁在水产养殖的稻田使用。

◎属低毒杀菌剂，但对鱼类等水生生物有毒。

戊唑醇*

英文名称：Tebuconazole

其他名称：好力克，立克秀，欧利思

主要剂型及含量：30克/升悬浮剂，60克/升种子处理悬浮剂、悬浮种衣剂，2%湿拌种剂，25%水乳剂、可湿性粉剂，250克/升水乳剂

作用机理与特点

戊唑醇属三唑类杀菌剂，通过抑制病原菌细胞膜上麦角甾醇的去甲基化，使得病菌无法形成细胞膜，从而杀死病菌。是一种高效、广谱、内吸性杀菌剂，具有保护、治疗、铲除三大功能，杀菌谱广、持效期长。

防治对象与使用方法

主要用于小麦散黑穗病、玉米丝黑穗病、高粱丝黑穗病、香蕉叶斑病、稻曲病、纹枯病等病害的防治。

●稻曲病、纹枯病：水稻孕穗末期亩用430克/升悬浮剂10~15毫升对水50升喷雾，隔7天左右再防治1次。

●黄瓜白粉病：发病初期亩用430克/升悬浮剂15~18毫升对水30~45升喷雾。

●大白菜黑斑病：发病初期亩用430克/升悬浮剂19~23毫升对水30~45升喷雾。

●玉米丝黑穗病：播种前，每100千克种子用2%湿拌种剂1:170~250（药种比），或60克/升种子处理悬浮剂1:500~1 000（药种比）拌种，经充分拌匀后播种。

●小麦散黑穗病：播种前，每100千克种子用2%湿拌种剂1:700~1 000（药种比），或60克/升种子处理悬浮剂1:2 222~3 333（药种比）拌种，经充分拌匀后播种。

●高粱丝黑穗病：播种前，每100千克种子用60克/升种子处理悬浮剂1:667~1 000（药种比）拌种，经充分拌匀后播种。

专家点评

◎戊唑醇拌种对小麦出芽有抑制作用，一般比正常不拌种晚发芽2~3天，最多3~5天，对后期产量没有影响。

◎对稻曲病、纹枯病均有良好防效，且有保持、延长剑叶光合作用功能的效果。

◎茎叶喷雾时，在蔬菜幼苗期、果树幼果期应注意使用浓度，以免造成药害。

◎对蜜蜂安全，对鱼中等毒性。如有中毒情况发生，应立即就医。该药无特殊解毒剂，应对症治疗。

烯酰吗啉 *

英文名称：Dimethomorph
其他名称：阿克白
主要剂型及含量：40% 悬浮剂，50% 可湿性粉剂，
50%、80% 水分散粒剂

作用机理与特点

烯酰吗啉属吗啉类杀菌剂，其作用机制是破坏病菌细胞壁膜的形成，引起孢子囊壁的分解，而使病菌死亡。是一种具有预防、治疗、铲除作用的低毒、内吸性杀菌剂，对霜霉菌和疫霉菌有独特的作用方式，是防治霜霉菌、疫霉菌引起病害的特效药，对卵菌纲真菌生活史的各个阶段都有作用。该药的内吸性较强，根部施药，可通过根部进入植株的各个部位，延展性好，耐雨水冲刷，能迅速渗入植物组织内，较快的发挥药效，而且与甲霜灵等苯酰胺类杀菌剂没有交互抗性。

防治对象与使用方法

●苦瓜、十字花科蔬菜霜霉病：亩用 50% 可湿性粉剂 30~40 克，对水 30~45 升喷雾。

●辣椒疫病：亩用 50% 可湿性粉剂 40~60 克，对水 30~45 升喷雾。

●荔枝疫病：用 50% 可湿性粉剂 1 500~2 000 倍液喷雾。

●黄瓜、葡萄霜霉病、烟草黑胫病、马铃薯晚疫病：亩用 50%可湿性粉剂 25~40 克，对水 30~45 升喷雾。

专家点评

◎按照现行国家标准，烯酰吗啉在草莓上的限量仅为 0.05 毫升 / 升，建议在草莓采摘期暂停使用。

◎每茬作物最多使用 3 次。

◎单用抗性风险高，建议与广谱保护性杀菌剂复配使用，延缓抗性的产生。

◎对鱼中等毒性，对鸟类、蜜蜂低毒，对家蚕无毒害作用。

烯酰·吡唑酯*

其他名称：凯特
主要剂型及含量：18.7% 水分散粒剂

作用机理与特点

烯酰·吡唑酯为吡唑醚菌酯和烯酰吗啉的混配制剂。吡唑醚菌酯主要通过抑制线粒体呼吸，干扰真菌能量合成。烯酰吗啉通过干扰病原菌细胞壁聚合成本的正常组装，影响细胞壁的合成，阻止新细胞形成，从而导致细胞溶解和死亡。烯酰吗啉杀菌活性较高，作用较迅速，具有渗透能力强、分散性好、耐雨水冲刷、持效期较长的特点，是防治卵菌纲真菌引起的病害的特效杀菌剂。烯酰·吡唑酯具有保护与治疗双重作用。

防治对象与使用方法

主要用于黄瓜、甜瓜霜霉病，马铃薯早疫病、晚疫病和辣椒疫病等病害的防治。

●黄瓜、甜瓜霜霉病，马铃薯早疫病、晚疫病：发病前或发病初期，亩用 18.7%水分散粒剂 75~125 克对水 30~45 升喷雾。

●辣椒疫病：发病前或发病初期，亩用 18.7%水分散粒剂 100~125

克对水 30~45 升喷雾，每隔 7~10 天防治 1 次，连续防治 2~3 次。

专家点评

◎按照现行国家标准，烯酰吗啉在草莓上的限量仅为 0.05 毫升 / 升，建议在草莓采摘期暂停使用。

◎每季作物最多施药 3 次。

◎属低毒杀菌剂，对蜜蜂、捕食螨、蚯蚓及其他有益生物无毒害作用，但对鱼有一定毒性。

中生菌素*

英文名称：Zhongshengmycin
其他名称：克菌康
主要剂型及含量：3%、12% 可湿性粉剂，0.5% 颗粒剂，3% 水剂

作用机理与特点

中生菌素是一种新型农用抗生素，属 N – 糖苷类保护性杀菌剂。其作用机理是通过抑制病原细菌蛋白质的肽键生成，最终导致细菌死亡；对真菌可抑制菌丝的生长、抑制孢子的萌发，起到防治真菌性病害的作用；该药杀菌谱较广，具有触杀、渗透作用及使用安全等特性。同时可刺激植物体内植保素及木质素的前体物质的生成，从而提高植物的抗病能力。

防治对象与使用方法

对白菜软腐病菌、黄瓜角斑病菌、水稻白叶枯病菌、苹果轮纹病病菌、小麦赤霉病菌等均具有明显的抗菌活性。

●白菜软腐病、茄科青枯病：发病前或发病初期用 3% 可湿性粉剂 1 000~1 200 倍液喷雾，共 3~4 次。

●姜瘟病：用 3% 可湿性粉剂 300~500 倍液浸种 2 小时后播种，生长期用 3% 可湿性粉剂 800~1 000 倍液灌根，每株 0.25 千克药液，共灌 3~4 次。

●黄瓜细菌性角斑病、菜豆细菌性疫病、西瓜细菌性果腐病：发

病初期用 3% 可湿性粉剂 1 000~1 200 倍液喷雾，每隔 7~10 天喷防治
1 次，连续防治 3~4 次。

●水稻白叶枯病、恶苗病：用 3% 可湿性粉剂 600 倍液浸种 5~7 天，
发病初期再用 3% 可湿性粉剂 1 000~1 200 倍液喷雾，防治 1~2 次。

●苹果轮纹病、炭疽病、斑点落叶病、霉心病，葡萄炭疽病、黑
痘病，西瓜枯萎病、炭疽病：发病初期用 3% 可湿性粉剂 1 000~1 200
倍液喷雾，共防治 3~4 次。防治苹果病害时，可于花期开始施药。

专家点评

◎不与碱性农药混用。

◎预防和发病初期用药效果显著。施药应做到均匀、周到。如施
药后遇雨应补喷。

甲霜·种菌唑

其他名称：顶苗新
主要剂型及含量：4.23% 微乳剂

作用机理与特点

甲霜·种菌唑由种菌唑和甲霜灵混配而成，系广谱、内吸传导和
触杀型保护性杀菌剂，使用剂量低、活性高、对作物安全等特点。甲
霜灵，属苯基酰胺类高效、低毒、低残留、内吸性杀菌剂，其内吸和
渗透力很强，可在植物体内上下双向传导，对病害植株有保护和治疗
作用，其作用机理是抑制病菌菌丝体内蛋白质的合成，使其营养缺
乏，不能正常生长而死亡，对卵菌纲真菌，如疫霉和腐霉有特效。种
菌唑属三唑类杀菌剂，其作用机理是抑制麦角甾醇的生物合成，兼具
内吸、保护和治疗作用对作物安全。两者混配，杀菌谱互补，适用范
围更广。包衣后的种子色泽鲜艳、覆盖均匀、种子流动性好，是目前
防治各种土传和种传病害的最佳种子处理杀菌剂之一。属低毒杀菌
剂，对环境和操作人员非常安全。

防治对象与使用方法

适用于玉米、棉花、小麦、大豆、花生等多种作物的常见种传和土传真菌性病害。

●棉花立枯病：4.23%甲霜·种菌唑微乳剂300~400毫升/100千克种子（药种比1∶250~333.3），拌种。

●水稻恶苗病：4.23%甲霜·种菌唑微乳剂100~150毫升/100千克种子拌种。

●玉米茎基腐病：4.23%甲霜·种菌唑微乳剂75~120毫升/100千克种子（药种比1∶833.3~1 333.3）种子包衣。

●玉米丝黑穗病：4.23%甲霜·种菌唑微乳剂200~400毫升/100千克种子（药种比1∶250~500）种子包衣。

专家点评

◎使用时需将药液摇匀，配置好的药液应于24小时内用完。可用于包衣机械进行种子包衣，也可用于手工拌种。种子包衣是将该药加1~3倍水稀释后与种子按比例充分搅拌，直至药液均匀分布到种子表面并晾干。水稻上可以先包衣后浸种，也可先浸种后包衣。

◎由于作物品种之间存在差异，建议在新品种使用前，对包衣种子先做室内发芽试验，以保证种子在田间播种后正常出苗。

唑醚·啶酰菌*

其他名称：凯津，果久
主要剂型及含量：30%、38%悬浮剂，38%、40%水分散粒剂

作用机理与特点

唑醚·啶酰菌是吡唑醚菌酯与啶酰菌胺的复配制剂，具有内吸性，同时具有作物保护和病害治疗作用。吡唑醚菌酯是甲氧基丙烯酸酯类杀菌剂，具有作用速度快、持效期长的特点，广泛应用于多种作物的病害防治，还具有改善作物生理机能、增强作物抗逆性、提高作物品

质的作用。啶酰菌胺是新型烟酰胺类杀菌剂，杀菌谱较广，作用机理是抑制病原菌体的呼吸作用。两者复配对防治番茄等经济作物灰霉病效果显著。

防治对象与使用方法

●番茄灰霉病：发病前或发病初期亩用 38%悬浮剂 30~50 毫升对水 30~45 升喷雾，每隔 7 天防治 1 次，连续防治 3 次。

●葡萄灰霉病：发病前或发病初期亩用 38%水分散粒剂 1 000~2 000 倍液喷雾。

●葡萄白腐病：发病前或发病初期用 38%悬浮剂或 38%水分散粒剂 1 500~2 500 倍液喷雾。

●草莓白粉病：发病前或发病初期亩用 38%悬浮剂 30~40 毫升对水 30~45 升喷雾。

●香蕉叶斑病：发病前或发病初期用 38%悬浮剂或 38%水分散粒剂 750~1 500 倍液喷雾。

专家点评

◎不能与碱性农药或含铜的农药混用。建议与其他不同作用机制的杀菌剂轮换使用，以延缓抗性产生。

◎对鱼及水生生物、家蚕、蜜蜂有毒，使用时应密切关注对附近蜂群的影响，开花植物花期、蚕室及桑园附近禁用。远离水产养殖区施药，禁止在河塘等水体中清洗施药器具。大风天或预计 1 小时内降雨不施药。

唑醚·氟环唑

其他名称：欧帕
主要剂型及含量：17%、20%、35% 悬浮剂

作用机理与特点

唑醚·氟环唑为甲氧基丙烯酸酯类化合物吡唑醚菌酯和三唑类活

性最强的氟环唑复配制剂，对多种抗性真菌病害具备前期预防、保护和中后期治疗、铲除的效果。具有速效性好、内吸性强、持效期长的特点。

防治对象与使用方法

主要用于防治小麦白粉病、纹枯病、锈病，水稻纹枯病、稻瘟病、稻曲病，豆类、玉米锈病、大小斑病，花生叶斑病、锈病、白绢病等。

●大豆叶斑病、花生褐斑病、小麦白粉病、玉米大斑病：发病前或发病初期，亩用17%悬浮剂40~60毫升对水30~45升喷雾。

●玉米大斑病：发病前或发病初期，亩用35%悬浮剂30~40毫升对水30~45升喷雾。

●柑橘脂点黄斑病、沙皮病：春梢1厘米长时，用17%悬浮剂3 000倍液喷雾，生理落果后，用17%悬浮剂2 500~3 000倍液喷雾。

●小麦赤霉病：在扬花期，亩用17%悬浮剂50~60毫升对水30~45升喷雾，隔7天后再防治1次。

●香蕉叶斑病：发病前或发病初期用35%悬浮剂3 000~4 000倍液喷雾。

专家点评

◎耐雨性好，即使在雨季使用，仍能发挥药效，特别适用于不良气候条件下、病害发生期用。

◎在小麦返青期至拔节期用药，可使小麦根系发达，茎秆粗壮，叶片厚绿，可防治小麦白粉病、锈病、纹枯病等病害发生；齐穗期至扬花期初期用药，可有效减少小麦赤霉病的发生，有效延长小麦灌浆期，使小麦籽粒饱满。

◎黄瓜等蔬菜作物对该药剂敏感，应慎用。

唑醚·氟酰胺

其他名称：健达
主要剂型及含量：42.4%、43% 悬浮剂

作用机理与特点

唑醚·氟酰胺为吡唑醚菌酯和氟唑菌酰胺的混配杀菌剂，内吸传导性强，具有预防保护和治疗活性，可防治多种作物上的多种真菌性病害，并能够改善作物机能，增强作物的抗逆性。氟唑菌酰胺是羧酰胺类杀菌剂，为琥珀酸脱氢酶抑制剂，其作用方式是对线粒体呼吸链的复合物 II 中的琥珀酸脱氢酶起抑制作用，从而抑制靶标真菌的孢子萌发、芽管和菌丝体生长，具有内吸、传导性，兼具保护和治疗活性，可防治多种作物上的多种真菌性病害；吡唑醚菌酯是甲氧基丙烯酸酯类杀菌剂，作用速度快，渗透性强，具预防作用和早期治疗作用，持效期较长。

防治对象与使用方法

●番茄灰霉病、叶霉病：发病前或初期亩用 42.4%悬浮剂 20~30 毫升对水 30~45 升喷雾。

●草莓白粉病：发病前或初期亩用 42.4%悬浮剂 10~20 毫升对水 30~45 升喷雾。

●草莓灰霉病：发病前或初期亩用 42.4%悬浮剂 20~30 毫升对水 30~45 升喷雾。

●葡萄白粉病：发病前或始见病害时用 42.4%悬浮剂 2 500~5 000 倍液喷雾。

●葡萄灰霉病：发病前或始见病害时用 42.4%悬浮剂 2 500～4 000 倍喷雾。

●辣椒炭疽病：发病前或初期亩用 42.4%悬浮剂 20～27 毫升对水 30～45 升喷雾。

●西瓜白粉病：发病前或初期亩用 42.4%悬浮剂 10～20 毫升对水 30～45 升喷雾。

●黄瓜白粉病：发病前或初期亩用 42.4%悬浮剂 10～20 毫升对水 30～45 升喷雾。

●黄瓜灰霉病：发病前或初期亩用 42.4%悬浮剂 20～30 毫升对水 30～45 升喷雾。

●杧果炭疽病：发病前或初期用 42.4%悬浮剂 2 500～3 500 倍喷雾。

●马铃薯早疫病：发病前或初期亩用 42.4%悬浮剂 10～20 毫升喷雾。

●马铃薯黑痣病：播种时亩用 42.4%悬浮剂 30～40 毫升，均匀喷雾在薯块上和播种沟。

●香蕉黑星病：发病前或初期用 42.4%悬浮剂 2 000～3 000 倍液喷雾。

专家点评

◎每季作物施药 3 次。辣椒和黄瓜的安全间隔期为 3 天，番茄的安全间隔期为 5 天，草莓、葡萄和西瓜的安全间隔期为 7 天，马铃薯和杧果的安全间隔期为 14 天，香蕉的安全间隔期为 21 天。

◎与其他不同作用机制的杀菌剂轮换使用，以延缓抗性产生。

第四章 除草剂

除草剂是指用来防除杂草的农药，主要介绍苯嘧磺草胺、苯唑草酮等 29 种除草剂。

苯嘧磺草胺

英文名称：Saflufenacil
其他名称：巴佰金
主要剂型及含量：70% 水分散粒剂

作用机理与特点

苯嘧磺草胺属嘧啶二酮类阔叶杂草除草剂，为全新的原卟啉原氧化酶（PPOs）抑制剂，它通过阻止叶绿素生物合成过程中原卟啉原Ⅳ向原卟啉Ⅳ的转化，破坏叶绿素的合成。具有叶面触杀和土壤残留活性，可在植物体内双向传导，从而分布于整个植株。对作物安全，轮作选择余地大。

防治对象与使用方法

●非耕地阔叶杂草：亩用 70%水分散粒剂 5~7.5克，茎叶喷雾。
●柑橘园杂草：亩用 70%水分散粒剂 5~7.5克，定向茎叶喷雾。

专家点评

该药剂可与草甘膦复配，也可与咪唑乙烟酸、精二甲酚草胺等复配。并可在复配产品中代替苯氧类除草剂2，4-D和磺酰脲类除草剂，降低草甘膦对难防杂草的高用量。

苯唑草酮

英文名称：Topramezon
其他名称：苞卫
主要剂型及含量：30% 悬浮剂，4% 可分散油悬浮剂

作用机理与特点

苯唑草酮属新型吡唑啉酮类苗后茎叶处理内吸传导型除草剂，可以被杂草的叶片、根和茎吸收，并在植物体内向上和向下双向传导，

间接影响类胡萝卜素的合成，干扰叶绿体在光照下合成与功能，最终导致杂草严重白化、组织坏死而死亡。

防治对象与使用方法

防治玉米田一年生杂草，亩用30%悬浮剂4~6毫升，或4%可分散油悬浮剂50~60毫升，玉米苗后茎叶喷雾。

专家点评

适合各类型玉米品种苗后茎叶除草，对"中甜8号"和"正甜68"等部分甜玉米品种苗期使用（4~6叶）有一定株高抑制作用，但对后期的产量和品质没有影响。

丙草胺*

英文名称：Pretilachlor
其他名称：扫莆特，瑞飞特
主要剂型及含量：30%、50%乳油，50%水乳剂

作用机理与特点

丙草胺属酰胺类选择性除草剂，用于芽前土壤处理，对水稻安全，杀草谱广。其作用机理是干扰杂草体内蛋白质合成，受害杂草幼苗扭曲，初生叶难伸出，叶色变深绿，生长停止，直至死亡。杂草种子在发芽过程中吸收药剂，根部吸收较差。水稻发芽期对丙草胺也比较敏感，为保证早期用药安全，丙草胺常加入安全剂CGA123407，这种安全剂能通过水稻根部吸收而发挥作用。

防治对象与使用方法

丙草胺主要用于防除稗草（1.5叶期前）、千金子等一年生禾本科杂草，并兼治部分一年生阔叶和莎草科杂草，如醴肠、陌上菜、鸭舌草、丁香蓼、节节菜、碎米莎草、异型莎草、牛毛毡、萤蔺、四叶萍等，但对多年生的三棱草防效较差。

● 移栽田：移栽后3~5天，亩用50%乳油60~80毫升加细沙土

15~20千克，充分拌匀后，撒于稻田中。施药时田间应有3厘米左右的水层，并保持水层3~5天。

●直播田：亩用30%乳油100~150毫升，播种（催芽）后杂草出土前，对水50升均匀喷雾，药后畦面保持湿润。

●抛秧田：抛秧前1~2天或抛秧后杂草出土前，亩用30%乳油100毫升拌细沙15~20千克均匀撒入田中，田间保持浅水层3~5天，但水层不能淹没水稻心叶。

专家点评

◎丙草胺用药时间不宜太迟，杂草萌发期用药效果最佳，稗草1.5叶期后影响防效。

◎该药只能作芽前土壤处理。高渗漏的稻田中不宜使用丙草胺，因为渗漏会把药剂过多地集中在根区，产生轻药害。

◎该药主要防治禾本科杂草及部分阔叶杂草、莎草科杂草，建议与苄嘧磺隆等防治阔叶杂草的除草剂混用，以扩大杀草谱。

丙炔噁草酮*

英文名称：Oxadiargyl
其他名称：稻思达，炔噁草酮
主要剂型及含量：80% 水分散粒剂，80% 可湿性粉剂，10%、38%、25% 可分散油悬浮剂

作用机理与特点

丙炔噁草酮属二唑酮类芽期选择性触杀型除草剂，对水稻田一年生禾本科、莎草科、阔叶杂草和某些多年生杂草效果显著，对恶性杂草四叶萍有良好的防效。药剂主要通过接触敏感杂草幼芽吸收，破坏生长点的细胞组织及叶绿素，导致幼芽枯萎死亡。

防治对象与使用方法

可有效防除萤蔺、稗草、野荸荠、碎米莎草、异型莎草、牛毛毡、节节菜、千金子、三棱草、鸭舌草、矮慈菇等水稻田一年生杂草和水绵。

●水稻移栽田：插秧前，耙地之后耢平，趁田水浑浊时亩用80%可湿性粉剂6克对水15升均匀泼浇稻田。配制药液时要先将药剂溶于少量水中，而后充分搅拌均匀，施药之后要间隔3天以上再插秧。

●水稻移栽田：插秧后3~5天，亩用80%水分散粒剂6~8克拌细沙15~20千克，充分拌匀后均匀撒施到田里，或亩用25%油悬浮剂20~25毫升甩施。施药时应有3~5厘米水层，施药后至少保持该水层5~7天，缺水补水，切勿进行大水漫灌，以防淹没稻苗心叶。

专家点评

◎该药剂对水稻的安全幅度较窄，不宜用在弱苗田、制种田、抛秧田及糯稻田，否则易产生药害。

◎整地时田面要整平，施药时不要超过推荐用量，把药拌匀施用，并要严格控制好水层，以免因施药过量、稻田高低不平、缺水、水淹没稻苗心叶或施药不均匀等造成药害。

◎在杂草发生严重地块，应与磺酰脲类除草剂混用或搭配使用，以扩大杀草谱和减轻该药剂对水稻的药害。

◎不推荐在抛秧田和直播水稻田及盐碱地水稻田中使用。

丙炔氟草胺*

英文名称：Flumioxazin
其他名称：速收，司米梢芽
主要剂型及含量：50%可湿性粉剂，51%水分散粒剂

作用机理与特点

丙炔氟草胺抑制叶绿素合成关键酶原卟啉原氧化酶，处理后原卟啉在敏感植物体内聚积，导致光敏作用和细胞膜脂质的过氧化，造成细胞膜功能和结构不可逆的破坏。丙炔氟草胺为由幼芽和叶片吸收的除草剂，做土壤处理可有效防除1年生阔叶杂草和部分禾本科杂草，在环境中易降解，对后茬作物安全。大豆、花生对其有很好的耐药性。

防治对象与使用方法

登记可使用的作物：春大豆田、非耕地、柑橘园、花生田、夏大豆田。适合于大豆、花生、果园等作物田防除一年生阔叶杂草和部分禾本科杂草。

防除大豆、花生田杂草，在播种后出苗前，亩用50%可湿性粉剂5克，地表均匀喷雾，然后与浅表土混合；防除柑橘园杂草，亩用50%可湿性粉剂53~80克，定向茎叶喷雾。

专家点评

◎大豆发芽后施药易产生药害，所以必须在苗前施药。

◎土壤干燥影响药效，应先灌水后播种再施药。

◎禾本科杂草和阔叶杂草混生的地区，应与防除禾本科杂草的除草混合使用，效果会更好。

草铵膦 *

英文名称：Glufosinate-ammonium
其他名称：保试达，克立妥，法姆尔，百速顿
主要剂型及含量：18%可溶液剂，60克/升、120克/升、150克/升、200克/升水剂

作用机理与特点

草铵膦是有机磷类非传导性触杀型灭生性除草剂，内吸作用不强，具有高效、低毒、杀草谱广、活性高、用量少和对作物安全等特点，是继草甘膦之后又一性能优良的灭生性除草剂。该药与草甘膦杀根不同，草铵膦先杀叶，通过植物蒸腾作用可以在植物木质部进行传导，速效性介于百草枯和草甘膦之间。其作用机理是抑制谷氨酰胺合成酶（GS）的活性，造成植物氮代谢失调，必需氨基酸缺乏，最终导致细胞内氨的含量过量而中毒，随之叶绿素解体，植物死亡。该药属低毒除草剂，对哺乳动物安全。

防治对象与使用方法

用于茶园、柑橘园、梨园、葡萄园、蔬菜地和非耕地等防治一年

生和多年生杂草。

●茶园、柑橘园、梨园、葡萄园和蔬菜地杂草：亩用18%水剂200~300毫升对水30升，定向茎叶喷雾。

●非耕地杂草：亩用200克/升水剂350~500毫升对水30升，茎叶喷雾。

专家点评

◎防除小飞蓬等对草甘膦产生抗性或难防杂草宜全株喷湿喷透，以保证防效。

◎许多杂草对草铵膦敏感，在草甘膦产生抗性的地区可以作为草甘膦的替代品使用。

◎该药为灭生性除草剂，施用时须防止飘移到非靶标作物上。

◎随着杂草草龄、密度增大，要适当增加用药量。

◎不可与土壤消毒剂混用，在已消毒灭菌的土壤中，不宜在作物播种前使用。

敌稗·异噁松

其他名称：壹壹捌
主要剂型及含量：39% 乳油

作用机理与特点

敌稗·异噁松是敌稗和异噁草松复配的除草剂，具有不同的杀草机制。敌稗为高选择性触杀型除草剂，用于水稻田稗草的防除，以2叶期稗草最为敏感，敌稗遇土壤后易分解，仅易作茎叶处理剂。异噁草松属杂环类选择性芽前除草剂，通过根、幼芽吸收，向上传导，抑制敏感植物叶绿素的生物合成，形成白化苗，在短期内死亡。两者混用优势互补，能够有效防除水稻田一年生杂草。

防治对象与使用方法

防除水稻田（直播）一年生杂草，亩用100~150毫升茎叶喷雾。

适宜水稻 3~4 叶期，杂草 3 叶期之前均匀茎叶喷雾，药前排干田水，药后适时灌水。药剂用前充分摇匀，用"二次稀释法"配制药液。

专家点评

◎因该药含有敌稗，不能与有机磷及氨基甲酸酯类农药混用，以免产生药害。

◎施药的当年至次年春天，不宜种大麦和小麦等，施药后的次年春天可种植大豆、玉米、棉花、花生。

◎鱼、虾、蟹套养稻田禁用，施药后的药水禁止排入水体。

◎赤眼蜂等天敌放飞区域禁用。

噁唑酰草胺

英文名称：Metamifop
其他名称：韩秋好，春好
主要剂型及含量：10% 乳油

作用机理与特点

噁唑酰草胺是一种新型、高效、专用稻田除草剂，能一次性有效防除多种禾本科杂草，尤其对直播稻田难防的马唐、稗草、千金子、牛筋草有高效。

防治对象与使用方法

●防除水稻田（直播）一年生禾本科杂草，亩用 10%乳油 80~100 毫升对水 40~50 升茎叶喷雾。

专家点评

◎禁止与吡嘧磺隆、苄嘧磺隆等药剂混用。防除阔叶草可以与灭草松混用，高温时施药可能出现轻度药斑，可较快恢复。

◎随着杂草草龄、密度增大，要适当增加用药量。采用高浓度细喷雾方法施药，可提高防效。

◎如遇高温、干旱气候，为保证药效，施药前需先灌跑马水再施药或雨后施药。施药后1~2天灌水，水深以不淹没秧心为宜，保持水层5~7天。

◎二次稀释，均匀喷雾，不重喷、不漏喷。为保证喷雾质量不推荐担架式喷雾机施药。

◎杂交制种田慎用。

二甲戊灵 *

英文名称：Pendimethalin
其他名称：施田补，田普，除芽通
主要剂型及含量：330克/升乳油，450克/升微囊悬浮剂

作用机理与特点

二甲戊灵是一种选择性芽前触杀型土壤封闭除草剂，通过杂草幼芽、茎和根吸收，进入杂草体内后与微管蛋白结合，从而抑制细胞的有丝分裂，造成杂草死亡。该药具有持效期长、对作物安全的特点，对2叶期以内一年生禾本科杂草及阔叶杂草有效，但对多年生杂草效果差。

防治对象与使用方法

主要用于防除一年生单子叶和部分阔叶杂草，适用于叶菜类蔬菜、玉米及棉花等多种旱田及水稻旱育秧田。

●韭菜田一年生杂草：播后，亩用330克/升乳油100~150毫升，对水30~45升土壤喷雾处理。

●白菜、甘蓝田一年生杂草：移栽前，亩用330克/升乳油100~150毫升对水45升土壤喷雾。

●榨菜田杂草：移栽后1天，亩用33%乳油150毫升对水50升土壤喷雾。

●玉米田、水稻旱育秧田、花生田和棉花田杂草：播后苗前，亩用330克/升乳油150~200毫升对水60升土壤喷雾。

●草莓育苗地杂草：母株定植前1天，亩用330克/升乳油100毫

升对水 60 升土壤喷雾。

●大蒜田一年生杂草：亩用 330 克 / 升乳油 125~150 毫升对水 40~50 升土壤喷雾。

●洋葱田一年生杂草：亩用 330 克 / 升乳油 150~200 毫升对水 40~50 升土壤喷雾。

专家点评

◎大棚作物慎用，需参照当地使用经验方案。土壤沙性重，有机质含量低的田块易产生药害，宜低剂量使用，黏土田宜用高剂量。

◎播后苗前用药的蔬菜应注意适当增加播种量，特别是小粒种子应播于 2 厘米以下的土层或盖 1 层薄土，然后施药，避免种子及作物生长点与药土层直接接触。

◎藜科作物如菠菜、甜菜对该药敏感，注意避免使用。

◎低温或施药后下大雨情况下，土壤持水量长时间处于饱和状态可能会影响药效。

◎不可以混土，如需混土，必须用专业机械均匀混土，并确保混土深度 3~5 厘米。

氟酮磺草胺

英文名称：Triafamone
其他名称：垦收
主要剂型及含量：19% 悬浮剂

作用机理与特点

垦收属酮磺酰胺类除草剂，为水稻田选择性除草剂，以根系和幼芽吸收为主，兼具土壤和苗后早期茎叶处理除草活性，可用于防除水稻田常见禾本科杂草及部分阔叶杂草。

防治对象与使用方法

可高效防除稗草、双穗雀稗、莎草（碎米莎草、异性莎草及多年生水莎草及扁秆藨草）及部分阔叶杂草（丁香蓼），对野荸荠、萤蔺等有较好的抑制作用。同时对千金子有较好的封闭活性。

●水稻移栽田：零天施药（一边插秧一边施药）或移栽当天施用，在田间排水后（留有插秧所需的薄水层），亩用19%悬浮剂8~12毫升，用久保田零天施药器或机械喷雾器或植保无人机均匀土表喷雾，药后插秧，插秧后24小时回水，注意水层不能淹没秧苗心叶。

●水稻移栽田：插秧后7~10天，亩用19%悬浮剂12毫升拌细沙或肥料10~15千克，采用二次稀释法搅拌（配药前先将药剂原包装摇匀，将每亩药量对水50~100毫升稀释为母液待用；药土法：先将每亩母液量与少量沙或肥混匀，再与10~15千克沙或肥拌匀）后均匀撒施到田里。施药时应有3~5厘米水层，施药后至少保持水层3~5天，缺水补水，切勿进行大水漫灌，以防淹没稻苗心叶。

专家点评

◎整地时田面要整平，施药时不要超过推荐用量，把药拌匀施用，并要严格控制好水层。以免因施药过量、稻田高低不平、缺水、水淹没稻苗心叶或施药不均匀等造成药害。

◎可以苄嘧磺隆、丙炔噁草酮等防除阔叶杂草的药剂混用，加大杀草谱。

◎病弱苗、浅根苗及盐碱地、漏水田、已遭受或药后5天内易遭受冷涝害等胁迫田块，不宜施用。

◎施药后如遇连续高温天气，可能会导致秧苗短时间的僵苗，但后期能很快恢复。

精吡氟禾草灵 *

英文名称：Fluazifop-P
其他名称：精稳杀得
主要剂型及含量：150克/升、15%乳油

作用机理与特点

精吡氟禾草灵属芳氧苯氧基丙酸酯类内吸传导型茎叶处理除草

剂，是脂肪酸合成抑制剂，通过抑制乙酰辅酶 A 羧化酶抑制脂肪酸合成。易被植物吸收，并迅速被水解为相应的酸，通过木质部而达到植物的生长部位。杂草吸收药剂的主要部位是茎和叶，施入土壤后药剂也可通过根系吸收，48 小时后杂草出现中毒症状，首先停止生长，随之芽和节的分生组织出现枯斑，心叶和其他叶片部位逐渐变紫色或黄色，枯萎死亡。对禾本科杂草具有很强的杀伤作用，对阔叶作物安全。

防治对象与使用方法

可在大豆田、油菜田、花生田、棉花田、甜菜田和非耕地使用。用于防除一年生和多年生禾本科杂草。

在杂草 2~4 叶期，亩用 15% 乳油 50~70 毫升，对水 50 升杂草茎叶喷雾处理。

专家点评

◎每季作物最多使用 1 次。施用该药后禾本科杂草完全枯死大约需要 2~3 周时间，不要重复施药。

◎对水稻、玉米、小麦等禾本科作物有药害，施药时避免药液飘移到上述作物田。在禾本科杂草 2~4 叶期施药效果最佳；干旱、杂草植株较大时及防除多年生禾本科杂草，应增加药量和水量。

◎在土地湿度较高时，除草效果较好，在高温干旱条件下施药，杂草茎叶未能充分吸收药剂，此时要用剂量的高限。

高效氟吡甲禾灵

英文名称：Haloxyfop-r-methyl
其他名称：高效盖草能
主要剂型及含量：108 克 / 升乳油，22% 乳油

作用机理与特点

高效氟吡甲禾灵施药后能很快被禾本科杂草的叶片吸收，并传导至整个植株，抑制植物分生组织生长，从而杀死杂草。持效期长，对

出苗后到分蘖、抽穗初期的一年生和多年生禾本科杂草均具有很好的防除效果。正常使用情况下对各种阔叶作物高度安全。低温、干旱条件下仍能表现出优异的除草效果。

防治对象与使用方法

主要防除一年生及多年生禾本科杂草。如：马唐、稗草、千金子、看麦娘、狗尾草、牛筋草、早熟禾、野燕麦、芦苇、白茅、狗牙根等。尤其对芦苇、白茅、狗牙根等多年生顽固性禾本科杂草具有卓越的防除效果。

●防除一年生禾本科杂草：于杂草 3~5 叶期施药，亩用 108 克 / 升乳油 25~50 毫升，对水 20~25 升，均匀喷雾杂草茎叶。天气干旱或杂草较大时，须适当加大用药量，同时对水量也相应加大。

●防除芦苇、白茅、狗牙根等多年生禾本科杂草：亩用 108 克 / 升乳油 60~100 毫升，对水 25~30 升，均匀喷雾杂草茎叶。

专家点评

◎该药使用时加入有机硅助剂可以显著提高药效。

◎禾本科作物对该药敏感，施药时应避免药液漂移到玉米、小麦、水稻等禾本科作物上，以防产生药害。

◎防除芦苇、白茅、狗牙根等多年生禾本科杂草，在第一次用药后 1 个月再施药 1 次，才能达到理想的防治效果。

精喹禾灵 *

英文名称：Quizalofop-P-ethyl

其他名称：精禾草克

主要剂型及含量：10% 乳油，15% 乳油，50 克 / 升乳油

作用机理与特点

精喹禾灵是苯氧脂肪酸类除草剂，通过杂草茎叶吸收，在植物体内向上和向下双向传导，积累在顶端及居间分生组织，抑制细胞脂肪酸合成，使杂草坏死。是一种高度选择性的旱田茎叶处理剂，在禾本

科杂草和双子叶作物间有高度的选择性，对阔叶作物田的禾本科杂草有很好的防效。具有作用速度快，药效稳定，不易受雨水气温及湿度等环境条件影响等特点。

防治对象与使用方法

●大白菜、西瓜地一年生禾本科杂草：在禾本科杂草 3~5 叶期时，亩用 40~60 毫升对水 15~30 升，喷雾。

●大豆、花生、棉花、油菜地一年生禾本科杂草：在禾本科杂草 3~5 叶期时，亩用 50~80 毫升对水 15~30 升，喷雾。

●芝麻地一年生禾本科杂草：在禾本科杂草 3~5 叶期时，亩用 50~60 毫升对水 15~30 升，喷雾。

专家点评

◎避免药物漂移到小麦、玉米、水稻等禾本科作物上。

◎在干燥或杂草密度或草龄较大时，使用高剂量。

◎大风天或预计 1 小时内有雨天，请勿施药。

精噁唑禾草灵

英文名称：Fenoxaprop-P-ethyl
其他名称：骠马，威霸
主要剂型及含量：5% 可分散油悬浮剂，69克/升乳油，100 克/升乳油

作用机理与特点

精噁唑禾草灵属杂环氧基苯氧基丙酸类除草剂，主要是通过抑制脂肪酸合成的关键酶—乙酰辅酶 A 羧化酶，从而抑制了脂肪酸的合成。药剂通过茎叶吸收传导至分生组织及根的生长点，作用迅速，施药后 2~3 天停止生长，5~6 天心叶失绿变紫色，分生组织变褐色，叶片逐渐枯死，是选择性极强的茎叶处理剂。

防治对象与使用方法

主要用于防除野燕麦、狗尾草、早熟禾、稗草、千金子、马唐等。

●水稻田（直播）：在禾本科杂草 3 叶期，亩用 5%乳油 30~50 毫升对水 30 升，茎叶喷雾。

●大豆田：在大豆芽后 2~3 复叶期，亩用 100 克 /升乳油 40~60 毫升对水 30 升，茎叶喷雾。

●花生、棉花地：杂草 3~5 叶期，亩用 10%乳油 30~40 毫升对水 30 升，茎叶喷雾。

●油菜田：在油菜 3~6 叶期，杂草 3~5 叶期，亩用 69 克 /升乳油 50~70 毫升对水 30 升，茎叶喷雾。

专家点评

◎勿使药剂流入池塘。

◎在水稻田使用药害风险较大。

精异丙甲草胺*

英文名称：s-metolachlor
其他名称：金都尔
主要剂型及含量：960 克 / 升乳油

作用机理与特点

精异丙甲草胺属酰胺类高效、广谱选择性芽前除草剂，主要通过萌发杂草的芽鞘、幼芽吸收而发挥杀草作用。其作用机理是抑制发芽杂草种子的蛋白质合成，抑制胆碱渗入磷脂，干扰卵磷脂形成。具有安全性好、持效期长的特点，适用于作物播后苗前或移栽前土壤处理。在田间的持效期长达 50~60 天，可控制整个作物生育期杂草为害。

防治对象与使用方法

可防除一年生禾本科杂草、部分双子叶杂草和一年生莎草科杂草，如稗草、马唐、千金子、狗尾草、牛筋草、辣蓼、凹头苋、马齿苋、碎米莎草及异型莎草等。

●露地栽培春花生田：播后苗前，亩用 960 克 /升乳油 50~100 毫升对水 30 升土壤喷雾。

●油菜田：播种前或移栽前，亩用960克/升乳油50~100毫升对水30升土壤喷雾。

●玉米、大蒜田：播后苗前，亩用960克/升乳油55~85毫升对水30升土壤喷雾。

●甘蓝、花椰菜田：移栽前，亩用960克/升乳油70~130毫升对水30升土壤喷雾。

●棉花田：移栽前，亩用960克/升乳油80~100毫升对水30升土壤喷雾。

●西瓜、烟草田：移栽前，亩用960克/升乳油40~70毫升对水30升土壤喷雾。

●番茄田：移栽前，亩用960克/升乳油50~65毫升对水30升土壤喷雾。

●甜菜田：播后苗前，亩用960克/升乳油75~90毫升对水30升土壤喷雾。

●菜豆田、马铃薯田、芝麻田、大蒜田：播后苗前，亩用960克/升乳油50~65毫升对水30升土壤喷雾。

●春大豆田：播后苗前，亩用960克/升乳油80~120毫升对水30升土壤喷雾。

●夏大豆田：播后苗前，亩用960克/升乳油60~85毫升对水30升土壤喷雾。

●向日葵田：播后苗前，亩用960克/升乳油100~130毫升对水30升土壤喷雾。

专家点评

◎干旱不利于该药剂发挥药效，最好在降雨或灌溉后施用。施药时，可适当增加每亩的用水量，以利于发挥药效。若土壤过于干旱或预报短期内不会降雨，则于施药后浅层混土2~3厘米。

◎若用于地膜覆盖作物则在播后喷药。按实际施用面积施用剂量，然后盖膜。

◎土壤质地疏松、有机质含量低、低洼地水分好时用低药量；土壤有机质含量高、岗地水分少时用高药量。土壤平整，利于发挥药效。

◎该药只作土壤处理用，对萌发而未出土的杂草有效，对已出土的杂草无效。对禾本科杂草效果优于阔叶杂草。

◎该药剂安全性好，对多种单、双子叶作物安全，施药 12 周后一般不会给后茬作物带来不利影响。但西瓜对该药剂相对较敏感，应谨慎使用；请勿在水旱轮作栽培的西瓜田以及在双重及双重以上保护地（如地膜＋大棚、地膜＋拱棚、地膜＋拱棚＋大棚）西瓜田使用该药剂。拱棚栽培地易发生回流药害，请勿使用该药剂。

氯吡嘧磺隆

英文名称：Halosulfuron-methyl
其他名称：香附净，莎草净
主要剂型及含量：12%、15% 可分散油悬浮剂、35%、75% 水分散粒剂，50% 可湿性粉剂

作用机理与特点

氯吡嘧磺隆属磺酰脲类除草剂。药剂被杂草的根和茎叶吸收，通过抑制杂草体内乙酰乳酸合成酶的活性，破坏杂草正常的生理生化代谢而发挥除草活性。氯吡嘧磺隆适应作物非常广泛，可用于玉米、高粱、水稻、甘蔗、番茄和大豆等作物，可用于住宅附近，同时其对恶性杂草香附子特效，且能防除部分阔叶杂草。

防治对象与使用方法

可使用的作物/场所：番茄田、甘蔗田、高粱田、水稻旱直播田、水稻田（直播）、水稻移栽田、玉米田。可防除常见杂草苍耳、鸭跖草、反枝苋、香附子等。

●水稻田（直播）：水稻 1~3 叶期，亩用 25% 可湿性粉剂 15~20 克拌土撒施或对水 40~50 升喷雾，药后保持水层 3~5 天。

●水稻移栽田：在插后 3~20 天，亩用 25% 可湿性粉剂 15~20 克拌土撒施或对水 40~50 升喷雾，药后保持水层 5~7 天。

●玉米田：亩用 75% 水分散粒剂 3~5 克，茎叶喷雾。

●高粱田：苗后 2 叶期到抽穗前，杂草 2~4 叶期，亩用 50% 可湿性粉剂 72~140 克对水 40~50 升喷雾。

●番茄田：移栽后，杂草 2~4 叶期，亩用 75%水分散粒剂 6~8 克对水 30 升喷雾。

●甘蔗田：苗前，亩用 75%水分散粒剂 3~5 克对水 30~50 升土壤喷雾；苗后，香附子 7~11 张叶时，亩用 75%水分散粒剂 3~5 克对水 60~90 升茎叶喷雾。

专家点评

◎与后茬作物安全间隔期为 80 天，每季作物最多使用 1 次。

◎正常使用技术条件下对水稻较安全。阔叶作物对该药敏感，施药和排水时应注意避免对邻近敏感作物产生药害。

◎对玉米田常见杂草苍耳、鸭跖草、反枝苋、香附子等的鲜重抑制率均在 90%以上，但对禾本科杂草基本无效，且与烟嘧磺隆有很大的互补性。在高粱田可与莠去津、溴苯腈、麦草畏、唑嘧磺草胺等混用。

氯氟吡啶酯

英文名称：Florpyrauxifen
其他名称：灵斯科
主要剂型及含量：3% 乳油

作用机理与特点

氯氟吡啶酯为新型芳香基吡啶甲酸类除草剂，是继氟氯吡啶酯之后此类除草剂中第二个新的化合物。具内吸性，药物通过杂草的叶片和根系吸收，经木质部和韧皮部传导，积累在杂草的分生组织，从而发挥除草活性。由于作用机理新颖，可以解决已知的杂草抗性问题，包括对乙酰乳酸合成酶抑制剂、乙酰辅酶 A 羧化酶抑制剂、对羟苯基丙酮酸双氧化酶抑制剂、敌稗、二氯喹啉酸、草甘膦、三嗪类除草剂产生抗性的杂草，对水稻田抗性稗草有较高的活性。

防治对象与使用方法

能有效防除水稻田稗草、光头稗、稻稗、千金子等禾本科杂草，异型莎草、油莎草、碎米莎草、香附子等莎草科杂草，水苋菜、苋菜、豚草、小飞蓬、母草、水丁香、雨久花、慈姑、苍耳等阔叶杂草。

防除水稻（直播/移栽）田一年生杂草，亩用3%乳油40~80毫升对水15~30升，茎叶喷雾。

专家点评

◎该药在水稻直播田应于秧苗4.5叶即1个分蘖可见时，同时稗草不超过3个分蘖时期施药；移栽田应于秧苗充分返青后1个分蘖可见时，同时稗草不超过3个分蘖时期施药。施药时可以有浅水层，需确保杂草茎叶2/3以上露出水面，施药后24~72小时内灌水，保持浅水层5~7天，切勿浸没秧心。

◎预计2小时内有降雨请勿施药。

◎不宜在缺水田、漏水田及盐碱田的田块使用。不推荐在秧田、制种田使用。缓苗期、秧苗长势弱，存在药害风险，不推荐使用。弥雾机常规剂量施药可能会造成严重作物反应，建议咨询当地植保部门或先试后再施用。

◎不能和二氯喹啉酸、敌稗、马拉硫磷等药剂混用，施用该药7天内不能再施马拉硫磷，与其他药剂和肥料混用需先进行测试确认。

◎避免飘移到邻近敏感阔叶作物如棉花、大豆、葡萄、蔬菜、桑树、花卉、观赏植物及其他非靶标阔叶植物。

氯氟吡氧乙酸异辛酯*

英文名称：Dicamba

其他名称：使它隆，鼎隆

主要剂型及含量：200克/升、288克/升乳油，50%可分散油悬浮剂，20%悬浮剂，20%水乳剂

作用机理与特点

氯氟吡氧乙酸异辛酯属内吸传导型苗后茎叶处理除草剂，施药后很快被杂草吸收，转化成氯氟吡氧乙酸起除草作用。敏感植物出现典型激素类除草剂的反应并传导到全株各部位，使植株畸形、扭曲，最

后死亡。对作物安全，在耐药作物体内，可结合轭合物而失去毒性。在土壤中易降解，半衰期较短，不会对后茬作物造成药害。

防治对象与使用方法

适用于非耕地、高粱田、狗牙根草坪、水稻田（直播）、水稻移栽田、水田畦畔、玉米田、桉树林等地防除阔叶杂草；防除猪殃殃、卷茎蓼、马齿苋、反枝苋、龙葵、繁缕、巢菜、田旋花、鼬瓣花、酸模叶蓼、柳叶刺蓼、卷茎蓼、鸭跖草、香薷、遏蓝菜、野豌豆、播娘蒿及小旋花等各种阔叶杂草，对禾本科和莎草科杂草无效。

●玉米田杂草：在玉米苗后 6 叶期之前，杂草 2~5 叶期，亩用 200 克/升乳油 60~70 毫升，对水 50~60 升喷雾。防除田旋花、小旋花、马齿苋等难防杂草，亩用 200 克/升乳油 100 毫升，对水 50~60 升喷雾。

●葡萄、果园、非耕地及水田畦畔杂草：在杂草 2~5 叶期，亩用 200 克/升乳 75~150 毫升，对水茎叶喷雾。防除水稻田埂空心莲子草亩用 200 克/升乳油 50~70 毫升。

专家点评

◎应在气温低、风速小时喷施药剂，空气相对湿度低于 65%、气温高于 28℃、风速超过 4 米/秒时停止施药。

◎果园施药，避免将药液直接喷到果树上；避免在茶园和香蕉园及其附近地块使用。

灭草松*

英文名称：Bentazone
其他名称：排草丹
主要剂型及含量：25%、480 克/升、560 克/升水剂

作用机理与特点

灭草松为咪唑啉酮类、高效、选择性除草剂。通过抑制植物的乙酰乳酸合成酶，阻止支链氨基酸如缬氨酸、亮氨酸、异亮氨酸的生物合成，从而破坏蛋白质的合成，干扰 DNA 合成及细胞分裂与生长，

最终造成植株死亡。药剂可通过植株的叶与根吸收，在木质部与韧皮部传导，积累于分生组织中。茎叶处理后，敏感杂草立即停止生长，2~4天后死亡。土壤处理后，杂草顶端分生组织坏死，生长停止，而后死亡。

防治对象与使用方法

登记可使用的作物：茶园、大豆田、花生地、马铃薯地、水稻抛秧田、水稻田（直播）、水稻移栽田、玉米田。可有效防除蓼、藜、反枝苋、鬼针草、苍耳、苘麻等阔叶杂草。

- ●水稻田：亩用 480 克/升水剂 125~200 毫升，茎叶喷雾。
- ●玉米、花生、马铃薯、大豆地：亩用 480 克/升水剂 125~200 毫升，茎叶喷雾。
- ●茶园、甘薯地：亩用 25%水剂 200~400 毫升，茎叶喷雾。

专家点评

◎存在严重干旱和水涝的田间不宜使用灭草松，否则易发生药害。

◎水田使用灭草松时应在阔叶杂草及莎草大部分出齐时施药，将药剂均匀喷洒在杂草茎叶上，两天后灌水。

◎灭草松在高温晴天活性高，除草效果好，反之阴天和气温低时效果差。

氰氟草酯 ***

英文名称：Cyhalofop-butyl
其他名称：千金，千金克，卫道夫
主要剂型及含量：10% 乳油，20%、25% 水乳剂，20%、40% 可分散油悬浮剂

作用机理与特点

氰氟草酯属芳氧苯氧丙酸类、内吸传导型茎叶处理除草剂，可广泛应用于直播稻、抛秧田防除千金子、双穗雀稗、马唐、牛筋草等禾本科杂草。药剂通过叶片、叶鞘吸收。其作用机理是抑制杂草体内乙酰辅酶 A 羧化酶的形成，从而阻止脂肪酸合成，影响细胞的正常生

长分裂，破坏膜系统等含脂结构，最后导致杂草死亡。推荐剂量下使用，对水稻安全。该药属低毒除草剂，对人、畜低毒，对皮肤无刺激作用，对眼睛有轻微刺激，对鱼中等毒性。

防治对象与使用方法

防除水稻秧田稗草，在稗草 1.5~2.5 叶期，亩用 10%乳油 100~200 毫升对水 30 升喷雾；防除水稻直播田千金子，在千金子 2~3 叶期，亩用 10%乳油 100~200 毫升对水 30 升喷雾。施药前要求排干田水，使杂草茎叶 2/3 以上露出水面，施药后 2~3 天覆水，并保持 3~5 厘米浅水层 5~7 天。

专家点评

◎不建议与阔叶草除草剂混用。

◎氰氟草酯不宜和灭草松混用，否则影响防效。

◎该药对莎草科杂草和阔叶杂草无效。

◎如稻田稗草、千金子等禾本科杂草密度或草龄较大，宜适当增加药量。

双草醚*

英文名称：Bispyribac-sodium
其他名称：农美利
主要剂型及含量：5%、20%、40%、100 克 / 升悬浮剂，10% 可分散油悬浮剂

作用机理与特点

双草醚属嘧啶水杨酸类除草剂，是一种稻田除草剂。药剂能很快被杂草的茎叶吸收，并传导至整个植株，抑制乙酰乳酸合成酶（ALS），最终抑制植物分生组织生长，从而杀死杂草。高效、广谱、用量低。双草醚原药低毒。

防治对象与使用方法

有效防除稻田稗草及其他禾本科杂草，兼治大多数阔叶杂草、一

些莎草科杂草及对其他除草剂产生抗性的稗草。如：稗草、双穗雀稗、稻李氏禾、马唐、看麦娘、异形莎草、日照飘拂草、碎米莎草、萤蔺、鸭舌草、牛毛毡、节节菜、陌上菜、水竹叶、空心莲子草等水稻田常见的绝大部分杂草。

●直播稻田：稗草 3~5 叶期，亩用 100 克/升悬浮剂 20~25 毫升，对水 25~30 升，均匀喷雾杂草茎叶。

●移栽田、抛秧田：在秧苗返青杂草出土后，亩用 100 克/升悬浮剂 20~25 毫升，对水 25~30 升，均匀喷雾杂草茎叶。施药前排干田水，使杂草全部露出，施药后 1~2 天灌水，保持 3~5 厘米水层 4~5 天。

专家点评

◎该药只能用于稻田除草，请勿用于其他作物。

◎粳稻品种喷施该药后有叶片发黄现象，4~5 天即可恢复，不影响产量。

◎对稗草和双穗雀稗有特效，稗草 1~7 叶期均可用药，稗草小，用低剂量，稗草大，用高剂量。

◎该药剂在直播水稻出苗后到抽穗前均可使用，移栽田和抛秧田要在移栽、抛秧 15 天以后使用，以避免用药过早，因秧苗耐药性差而出现药害。

甜菜安·宁*

其他名称：草每有
主要剂型及含量：160 克/升乳油

作用机理与特点

甜菜安·宁是一种杂草芽后除草剂，选择性苗后茎叶处理剂，药物通过杂草茎叶吸收，传导到各部分，使杂草的光合同化作用遭到破坏而杀死杂草。适用于防除子叶期至 4 叶期大多数一年生阔叶杂草。

防治对象与使用方法

登记可使用的作物：草莓。对反枝苋、滨藜藜、卷茎蓼、马齿苋、龙葵、苍耳等阔叶杂草有特效。

在草莓定植 4 叶 1 心期以后，阔叶杂草 2~6 叶期，每亩使用 160 克/升乳油 300~400 毫升，对水 30~45 升茎叶喷雾。

专家点评

◎高温（超过 30℃）干旱条件下使用除草效果不好，且宜导致药害，建议傍晚时分用药。

◎遇到早春、低温、霜冻、冰雹灾害、营养缺乏或病虫害侵入，会使草莓自身解毒能力下降，从而对药物特别敏感，易发生药害，此时应谨慎使用。

◎不宜使用冷冻水，尤其是刚抽出的井水，药液应现配现用。

◎对于个别敏感品种（例如，法兰地），应该先进行试验，确认安全之后再使用。

五氟磺草胺 *

英文名称：Penoxsulam
其他名称：稻杰
主要剂型及含量：25 克/升油悬浮剂

作用机理与特点

五氟磺草胺是磺酰胺类内吸传导型选择性茎叶处理除草剂，其作用机理是抑制乙酰乳酸合成酶（ALS）的活性，导致支链氨基酸生物合成和细胞分裂受阻，从而引起杂草中毒死亡。药剂经茎叶、幼芽及根系吸收，通过木质部和韧皮部传导至分生组织，抑制杂草生长，使生长点失绿，处理后 7~14 天顶芽变红、坏死，2~4 周杂草死亡。推荐剂量下使用，对水稻安全。

防治对象与使用方法

可广泛应用于水稻秧田、直播田、机插田、抛秧田和移栽田防除稗草、一年生阔叶草和一年生莎草等杂草。

●水稻本田：稗草2~3叶期，亩用2.5%油悬浮剂80毫升对水30升茎叶喷雾；稗草3~5叶期，亩用2.5%油悬浮剂100毫升对水30升茎叶喷雾。施药时需排干田水，药后2天复水，并保持3~5厘米浅水层(以不淹没秧心为准)5~7天。缺水情况下，施药时至少保持土壤湿润，药后及早灌水。

●水稻秧田：稗草2~3叶期，亩用2.5%油悬浮剂80毫升对水30升茎叶喷雾。施药时需排干田水，药后2天复水，并保持3~5厘米浅水层(以不淹没秧心为准)5~7天。缺水情况下，施药时至少保持土壤湿润，药后及早灌水。

专家点评

◎旱播旱管稻田由于缺水，极易出现药害。

◎糯稻、部分粳稻在2叶期以内较敏感，药害症状一般在10天内可消失。

◎水稻秧苗小(＜2叶)、秧苗长势弱，环境温度低于15度可能会出现药害反应，慎用。

◎防除低敏感性阔叶杂草和对磺酰脲类除草剂有抗性的鸭舌草、丁香蓼、耳叶水苋等，建议与苯达松等有效药剂混用。

◎不宜与叶面肥混用。

五氟·氰氟草*

其他名称：稻喜
主要剂型及含量：6%可分散油悬浮剂

作用机理与特点

五氟·氰氟草为五氟磺草胺与氰氟草酯的复配制剂，其作用机理是抑制乙酰辅酶A羧化酶(ACC)和乙酰乳酸合成酶(ALS)的活性，从而阻止脂肪酸和氨基酸的合成而导致杂草死亡。该药杀草谱广，安全性高，施药期宽，从水稻1叶期到收获前都可以安全使用，不仅能对低龄杂草进行有效地防除，而且提高用量可以防除大龄稗草和大龄千金子。

防治对象与使用方法

能有效防除水稻田多种一年生禾本科杂草、阔叶杂草和莎草科杂草，如稗草、千金子、双穗雀稗、牛筋草、狗尾草等杂草。

稗草1～3叶期，亩用120～150毫升对水15～30升茎叶喷雾；稗草3～5叶期，亩用150～200毫升对水15～30升茎叶喷雾。施药时需排干田水，药后2天复水，并保持3～5厘米浅水层(以不淹没秧心为准)5～7天。

专家点评

◎为延缓杂草抗药性产生，应选择不同作用机理的除草剂轮换使用，提高除草效果。

◎不建议与其他除草剂混用，防止水稻药害。

烯草酮*

英文名称：Clethodim
主要剂型及含量：120克/升、240克/升、24%、30%、35% 乳油，12% 可分散油悬浮剂

作用机理与特点

烯草酮是一种旱田苗后内吸传导型高选择性的茎叶处理除草剂。药剂能被禾本科杂草茎叶迅速吸收并传导至茎尖及分生组织，抑制分生组织的活性，破坏细胞分裂，最终导致杂草死亡。可防除一年生和多年生禾本科杂草，对双子叶植物安全。

防治对象与使用方法

适用于大豆田、马铃薯田和油菜田防除稗草、野燕麦、马唐、狗尾草、牛筋草、看麦娘、早熟禾、硬草等禾本科杂草。

●大豆田：杂草4~5叶期，亩用24%乳油20~30毫升，对水40~50升茎叶喷雾。

●油菜田：杂草4~5叶期，亩用24%乳油15~20毫升，对水40~50升茎叶喷雾。

●马铃薯田：杂草4~5叶期，亩用24%乳油20~40毫升，对水40~50升茎叶喷雾。

专家点评

◎夏季选择早晚，冬季选择晴天中午时喷药，利于药剂的吸收和药效的发挥。

◎药液雾滴细小，容易粘着在杂草叶面而不滚落，有利于提高杂草对药剂的吸收利用率。

硝磺草酮 *

英文名称：Mesotrione
其他名称：耘杰
主要剂型及含量：10%、40%悬浮剂，20%可分散油悬浮剂，82%可湿性粉剂

作用机理与特点

硝磺草酮是一种能够抑制羟基苯基丙酮酸酯双氧化酶（HPPD）的芽前和苗后广谱选择性除草剂，可有效防治主要的阔叶草和一些禾本科杂草。

防治对象与使用方法

登记可使用的作物：草坪（早熟禾）、玉米田、甘蔗田和水稻移栽田，对苘麻、苋菜、藜、蓼、稗草和马唐等有较好的防治效果，而对铁苋菜、香附子及狗尾草防治效果较差。

●玉米田：在玉米3~5叶期、杂草2~4叶期，亩用10%悬浮剂100~150毫升，茎叶喷雾。

●甘蔗田：亩用10%悬浮剂70~90毫升，茎叶喷雾。

●水稻移栽田：亩用10%悬浮剂40~50毫升，药土法处理。

●草坪（早熟禾）：亩用 40%悬浮剂 24~40 毫升，茎叶喷雾。

专家点评

◎干旱情况下对稗草效果差，对 4 叶期以上马唐、牛筋草很难起到较好的防治效果。

◎药后 3 天内下雨及连续温度低于 20℃将影响硝磺草酮药效的发挥，杂草易返青。

乙氧氟草醚*

英文名称：Oxyfluorfen
其他名称：氟果尔，果尔，割地草
主要剂型及含量：20%、24% 乳油，240克/升乳油，2% 颗粒剂，10% 水乳剂

作用机理与特点

乙氧氟草醚为含氟苯醚类选择性触杀型土壤处理除草剂，药剂主要通过胚芽、中胚轴进入植物体内，经根部吸收较少，并有微量通过根部向上运输进入叶部，通过抑制杂草的光合作用而杀死杂草。具有杀草谱广、持效期长等特点。芽前和芽后早期施药效果较好，对种子萌发的杂草除草谱较广，能防除阔叶杂草、莎草及稗草，但对多年生杂草只有抑制作用。

防治对象与使用方法

用于水稻、棉花、大蒜、花生、大豆和甘蔗等作物防除稗草、田菁、旱雀麦、狗尾草、曼陀罗、葡匐冰草、豚草、刺黄花捻、苘麻、田芥、苍耳等一年生单、双子叶杂草，但对瓜皮草、眼子菜、双穗雀稗、水花生等无效。

●花生、姜田：亩用 24%乳油 40~60 毫升对水 30~45 升均匀喷雾土表。

●甘蔗田：移栽后出土前，亩用 24%乳油 30~50 毫升对水 45 升均匀喷雾土表。

●移栽稻田：移栽后 4~6 天，灌浅水层（不能淹没心叶），亩用

24%乳油 15~20毫升拌细泥或肥料（先用 100~200毫升水配成母液），露水干后均匀撒施，施药后保水 5~7天。

●大豆、棉花田：播后苗前，亩用 24%乳油 40~60毫升对水 45升均匀喷雾土表。

●大蒜田：播后至立针期，或大蒜苗后 2叶 1心期以后、杂草 4叶期以前，亩用 24%乳油 40~50毫升对水 45升均匀喷雾土表。

专家点评

◎该药对水稻幼苗敏感，抛秧田、小苗移栽田、秧田、直播田不可使用。

◎为了扩大杀草谱，提高对作物的安全性，该药在移栽稻田可与苄嘧磺隆、丁草胺等以各自单用剂量的一半混用；在大豆、花生、玉米等旱作物田，可与乙草胺、氟乐灵等以各自单用剂量的一半混用。

◎该药为触杀型，因此喷药时要均匀，施药剂量要准。

2甲·灭草松*

其他名称：谷欢
主要剂型及含量：22% 水剂，460克/升可溶液剂

作用机理与特点

2甲·灭草松为 2甲 4氯和灭草松复配而成的苗后茎叶处理除草剂，通过抑制敏感作物分生组织生长及影响杂草光合作用和水分代谢，最终致使杂草死亡。具有内吸和触杀双重作用，对水稻田的恶性莎草科杂草（特别是三棱草）及阔叶杂草防效很好。

防治对象与使用方法

防治水稻移栽田和直播田阔叶杂草及莎草科杂草，在水稻分蘖末期到拔节前，亩用 460克/升可溶液剂 133~167毫升对水 30升喷雾。

专家点评

◎应在无风或微风条件下施药；施药后6小时内降雨会降低药效；避免在秧苗细弱时施药；直播水稻避免在4叶期前施用。

◎施用过程中要确保杂草完全湿润，从而达到最佳药效。

2甲4氯*	英文名称：Chipton 其他名称：农多斯 主要剂型及含量：13% 水剂，750克／升水剂，56% 可溶粉剂

作用机理与特点

2甲4氯为苯氧乙酸类选择性内吸传导激素型除草剂，可以破坏双子叶植物的输导组织，使生长发育受到干扰，茎叶扭曲，茎基部膨大变粗或者开裂。其挥发性、作用速度比2，4-D低且慢，对禾本科植物的幼苗期很敏感，3~4叶期后抗性逐渐增强，分蘖末期最强，而幼穗分化期敏感性又上升。在气温低于18℃时效果明显变差，对未出土的杂草效果不好。

防治对象与使用方法

登记可使用的作物：甘蔗田、水稻田和玉米田。主要防除三棱草、鸭舌草、丁香蓼、耳叶水苋及其他阔叶杂草。

●水稻田：水稻栽秧或抛秧半月后、或直播后分蘖末期，在水稻幼穗分化前，亩用20%水剂200~250毫升，对水50升喷雾。

●甘蔗田：亩用60%水剂70~90毫升，对水40~50升定向茎叶喷雾。

●玉米田：在玉米4~5叶苗期，亩用20%水剂200毫升，对水40升喷雾；在玉米生长期，亩用20%水剂300~400毫升定向喷雾。

●河道水葫芦：在防汛前期的5—6月，日最低气温在15℃以上时，对株高在30厘米以下的水葫芦，亩用20%水剂750毫升加洗衣粉100~200克，或用20%水剂500毫升加30%草甘膦水剂500毫升加洗衣粉 100~200 克，对水 75 升喷雾；对株高 30 厘米以上的水葫芦，采用上述除草剂对水 100 升喷雾。

专家点评

◎对生长较大的莎草也有很好的防除作用。

◎该药剂要在水稻 5 叶期以后幼穗分化前使用。不宜低温、超量施用。

◎后茬不宜种十字花科蔬菜。

第五章 植物生长调节剂

植物生长调节剂是指仿照植物内源激素的化学结构人工合成的具有植物生理活性的物质，可控制、促进或调节植物生长发育的农药，主要介绍复硝酚钠、吲哚乙酸等19种植物生长调节剂。

复硝酚钠

英文名称：Sodium nitrophenolate
其他名称：爱多收，丰产素
主要剂型及含量：0.7%、1.4%、1.8% 水剂

作用机理与特点

复硝酚钠是植物细胞赋活剂。其作用机理比较复杂，目前尚未完全搞清楚，对植物的呼吸作用和吸收功能影响较大。能有效促进发芽、生根、解除植物休眠。对培育壮苗，提高移栽后的成活率有显著效果，并能促进植物加快新陈代谢、提高产量、防止落花、改善品质。可破坏某些真菌细胞酶的活性，使其新陈代谢受到破坏而丧失生命力，从而增加植物对某些病害的免疫力和抵抗力。

使用方法

●水稻：播种前，每1千克稻种用 1.8% 水剂 6 000 倍液 1 升浸泡 24~48 小时，然后捞出沥干，再催芽播种。在秧苗移栽前 4~5 天，孕穗期和齐穗期，用 1.8% 水剂 3 000~4 000 倍液各喷雾 1 次。

●黄瓜：播种前，用 1.8% 水剂 6 000 倍液浸泡种子 12 小时。于初花期、幼果期和盛果期，用 1.4% 水剂 5 000~7 000 倍液各喷雾 1 次。

●番茄：于苗期、开花期和幼果形成期，用 0.7% 水剂 2 000~3 000 倍液各喷雾 1 次。

●柑橘：在花谢 14 天时，用 1.4% 水剂 5 000~6 000 倍液喷雾，隔 7~10 天再喷 1 次，以后每 30 天喷 1 次。

专家点评

◎该药剂可用浸种处理促进不少林木、作物及蔬菜种子萌发；可作为许多除草剂、杀菌剂的增效剂增加渗入作物植株体内的剂量，加快药效过程；可作为肥料增效剂，提高作物对尿素、硫酸铵、碳酸氢铵等各种化肥及某些腐殖酸肥料的利用率；可作为作物的康复剂，迅速恢复干旱、水涝、盐渍等自然灾害造成的损伤或农药造成的药害。

◎该药剂在实际使用过程中，对温度有一定限定要求，只有在温度15℃以上时，才能迅速发挥作用，在25℃以上，48小时见效，在30℃以上，24小时见效。所以尽量不要在温度低于15℃时使用。

◎不要随意提高使用浓度，在1.8%水剂1 000倍以下使用可能引起作物生长抑制。

吲哚乙酸*

英文名称：Indole-3-acetic acid
其他名称：茁长素，生长素，异生长素
主要剂型及含量：0.11% 水剂

作用机理与特点

吲哚乙酸是植物体内普遍存在的天然生长素。其对植物抽枝或芽、苗等的顶部芽端形成有促进作用。吲哚乙酸低浓度时可以促进生长，高浓度时则会抑制生长，甚至使植物死亡。生理效应表现在两个层次上。在细胞水平上，可刺激形成层细胞分裂；刺激枝的细胞伸长、抑制根细胞生长；促进木质部、韧皮部细胞分化，促进插条发根、调节愈伤组织的形态建成。在器官和整株水平上，从幼苗到果实成熟都起作用，控制幼苗中胚轴伸长的可逆性宏观抑制；当转移至枝条下侧即产生枝条的向地性；当转移至枝条的背光侧即产生枝条的向光性；造成顶端优势；延缓叶片衰老；施于叶片抑制脱落，而施于离层近轴端则促进脱落；促进开花，诱导单性果实的发育，延迟果实成熟。

使用方法

●番茄、黄瓜等瓜果蔬菜：在苗期和花期，亩用 0.11%水剂 7 500～10 000 倍液喷雾。

●水稻、玉米、大豆：在苗期和花期，亩用0.11%水剂7 500～10 000倍液喷雾。

专家点评

◎该药剂浸泡番茄花，可形成无籽番茄果，提高坐果率，浸泡茶树、胶树、柞树、水杉、胡椒等作物插枝的基部，可促进不定根的形成，加快营养繁殖速度。

◎以 1~10 毫克 / 千克该药液和 10 毫克 / 千克恶霉灵混用，促进水稻秧苗生根。

◎该药液在 9 小时光周期下喷洒一次菊花，可抑制花芽的出现，延迟开花。喷洒长日照下秋海棠可增加雌花。处理甜菜种子可促进发芽，增加块根产量和含糖量。

矮壮素 *

英文名称：Chlormequat
其他名称：稻麦立
主要剂型及含量：50% 水剂

作用机理与特点

矮壮素（CCC）属低毒植物生长调节剂，生长调节功能和赤霉素正好相反，是赤霉素的拮抗剂。其作用机理是抑制植株内赤霉素生物合成，其生理功能是控制植株营养生长（即根茎叶的生长），促进植株生殖生长（即花和果实的生长），使植株的节间缩短、矮壮并抗倒伏，促进叶片颜色加深，光合作用加强，提高植株坐果率、抗旱性、抗寒性、抗盐碱能力和产量水平。

使用方法

● 土豆：在现蕾至开花期，用 50% 水剂 200~300 倍液叶面喷雾，以控制地面生长并促进增产；

● 辣椒：在现蕾至开花期，用 50% 水剂 20 000~25 000 倍液茎叶喷雾，以控制徒长和提高坐果率。

● 甘蓝、芹菜：用 50% 水剂 100~120 倍液喷雾植株生长点，以控制抽薹和开花。

● 番茄：苗期，用 50% 水剂 10 000 倍液进行土表喷淋，以使番茄株型紧凑并且提早开花；移栽后有徒长现象时，每株用 50% 水剂 1 000 倍液浇施 100~150 毫升。

●玉米：播前，用 50 % 水剂 100 倍液浸种，以增加产量。

●棉花：播前，用 50 % 水剂 100~160 倍液浸种，以提高产量，促进植株紧凑；生长前期防止徒长，用 50 % 水剂 10 000 倍液对水喷雾植株顶端，后期喷雾全株；防止疯长，用 50% 水剂 25 000 倍液对水喷雾植株顶端。

●小麦：播前，用 50 % 水剂 10~16 倍液拌种；在返青和拔节期，用 50 % 水剂 100~400 倍液对水喷雾，以防止倒伏和提高产量。

专家点评

◎使用矮壮素时水肥条件要好，群体有徒长趋势时效果好。若地力条件差，长势不旺时，勿用矮壮素。

◎未经试验不得随意增减用量，以免造成药害。初次使用，要先小面积试验。

◎不能与碱性农药或碱性化肥混用。

◎切忌入口和长时间皮肤接触。

苄氨基嘌呤*

英文名称：6-benzylamino-purine
其他名称：6-BA
主要剂型及含量：20% 水分散粒剂，2%、5% 可溶液剂，1% 可溶粉剂，5% 水剂

作用机理与特点

苄氨基嘌呤是第一个人工合成活性较强也最常用的细胞分裂素。苄氨基嘌呤为带嘌呤环的合成细胞分裂素类植物生长调节剂，具有较高的细胞分裂素活性，主要是促进细胞分裂、增大和伸长；具有抑制植物叶内叶绿素、核酸、蛋白质的分解，保绿防老；将氨基酸、生长素、无机盐等向处理部位调运等多种效能，广泛用在农业、果树和园艺作物从发芽到收获的各个阶段。苄氨基嘌呤可抑制叶绿素降解，提高氨基酸含量，延缓叶片变黄变老；诱导组织（形成层）的分化和器官（芽和根）的分化，促进侧芽萌发，促进分枝；提高坐果率，形成无核果实；调节叶片气孔开放，延长叶片寿命，有利于保鲜等。

使用方法

●大白菜：在定苗期、团棵期和莲座期，用1%可溶粉剂250~500倍液全株均匀喷雾各1次，每次间隔10~15天，以调节生长。

●柑橘：花后用20%水分散粒剂2 000~2 500倍液喷雾，隔30天再喷1次，以提高坐果率；用20%水分散粒剂4 000~6 000倍液喷雾以调节生长。

专家点评

◎宜在上午10时前或下午4时后喷施。

◎施药后6小时内遇雨应补施。

◎即配即用。

羟烯腺嘌呤*

英文名称：Oxyenadenine
其他名称：玉米素，富滋，Boot，万帅等
主要剂型及含量：0.000 1% 颗粒剂，0.000 1% 可湿性粉剂，0.01% 水剂

作用机理与特点

羟烯腺嘌呤属细胞分裂素植物生长调节剂，可刺激植物细胞分裂，促进叶绿素形成，加速植物新陈代谢和蛋白质的合成，使植株有机体迅速增长，促进花芽分化和形成，促使作物早熟丰产，提高植株抗病抗衰抗寒能力。其对番茄、黄瓜、烟草病毒病也有一定的防效。羟烯腺嘌呤由纯生物发酵而成，低毒。

使用方法

●水稻、小麦：用0.000 1%可湿性粉剂100倍液浸种24小时。在分蘖期，用0.000 1%可湿性粉剂500~600倍液喷雾，每隔7天施用1次，连续施用3次。

●玉米：在6~8片叶及9~10片叶展开时亩用0.01%水剂50~75毫升对水50升各喷雾1次，以提高光合作用。

●大豆：在生长期，用0.000 1%可湿性粉剂500~600倍液喷雾，

每隔 7~10 天施用 1 次，连续施用 3 次以上。

●棉花：移栽时用 0.000 1%可湿性粉剂 12 500 倍液蘸根；在盛蕾、初花、结铃期，亩用 0.01%水剂 67~100 毫升，对水 50 升各叶面喷雾 1 次，以增加结铃数并增产。

●马铃薯：播种前，用 0.000 1%可湿性粉剂 100 倍液浸薯块 12 小时；生长期，用 0.000 1%可湿性粉剂 500~600 倍液喷雾，每隔 7~10 天施用 1 次，连续施用 2~3 次。

●番茄：从 4 叶期开始，用 0.000 1%可湿性粉剂 400~500 倍液喷雾，至少施用 3 次。

●茄子：在定植后 1 个月，用 0.000 1%可湿性粉剂 500~600 倍液喷雾 2~3 次。

●白菜：播种前，用 0.000 1%可湿性粉剂 50 倍液浸种 8~12 小时；定苗后，用 0.000 1%可湿性粉剂 400~600 倍液喷雾 2~3 次。

●西瓜：播种前，用 0.000 1%可湿性粉剂 50 倍液浸种 1~2 天；蔓长达 7~8 节时，用 0.000 1%可湿性粉剂 500~800 倍液喷雾 2~3 次。

●柑橘：在落花、幼果期和果实膨大期，用 0.000 1%可湿性粉剂 500~800 倍液各喷雾 1 次。

●苹果、梨、葡萄：在现蕾、谢花、幼果及果实生长后期，用 0.01%水剂 300~500 倍液喷雾 2~3 次，以提高坐果率，促进着色、早熟。

专家点评

◎用药后 24 小时内下雨会降低效果，但一般经过 8 小时之后遇到降雨基本不用重喷。

◎用前要充分摇匀，不能过量，否则反而会减产。

◎该药剂可与杀菌剂、杀虫剂、有机肥、冲施肥、叶面肥、微生物菌剂等产品混配，其效果非常明显。

烯腺·羟烯腺

其他名称：年年乐
主要剂型及含量：0.001% 水剂，0.004% 可溶粉剂

作用机理与特点

烯腺·羟烯腺是由烯腺嘌呤和羟烯腺嘌呤复配而成的细胞分裂素植物生长调节剂，具有刺激植物细胞分裂，降低蛋白质的降解速度，保持细胞膜完整等作用，可促进叶绿素形成，延长叶片保绿时间，并能增强作物抗逆性，使作物早熟丰产。

使用方法

● 水稻、小麦、玉米：播前用 0.004% 可溶粉剂 1 000 倍液浸种 24 小时；在分蘖期，用 0.004% 可溶粉剂 1 500~2 000 倍液喷雾，每隔 7 天施用 1 次，连续施用 3 次。

● 番茄：从 4 叶期开始，用 0.004% 可溶粉剂 1 000~1 500 倍液喷雾 3~4 次。

● 茄子：在定植后 1 个月，用 0.004% 可溶粉剂 1 500~2 000 倍液喷雾 2~3 次。

● 白菜：播种前用 0.004% 可溶粉剂 100 倍液浸种 8~12 小时；定苗后用 0.004% 可溶粉剂 1 500~2 000 倍液喷雾 2~3 次。

● 马铃薯：播种前用 0.004% 可溶粉剂 1 000 倍液浸薯块 12 小时；生长期用 0.004% 可溶粉剂 1 500~2 000 倍液喷雾，每隔 7~10 天施用 1 次，连续施用 2~3 次。

● 大豆：生长期用 0.004% 可溶粉剂 1 500~2 000 倍液喷雾，每隔 7~10 天，连续施用 3~4 次。

● 西瓜：播种前用 0.004% 可溶粉剂 100 倍液浸种 1~2 天；蔓长达 7~8 节时，用 0.004% 可溶粉剂 1 500~2 000 倍液喷雾 2~3 次。

● 茶叶：用 0.004% 可溶粉剂 800~1 600 倍液喷雾，以调节生长。

● 柑橘：在落花、幼果期和果实膨大期，用 0.004% 可溶粉剂 1 500~2 000 倍液各喷雾 1 次。

专家点评

◎施药后24小时内降雨会降低效果。

◎超推荐剂量应用会减产。

◎该药不能与碱性农药混合使用。

赤·吲乙·芸*

其他名称：碧护

主要剂型及含量：0.136%可湿性粉剂

作用机理与特点

赤·吲乙·芸由赤霉素、吲哚乙酸、芸苔素内酯、脱落酸、茉莉酸等8种植物激素科学复配成的植物生长调节剂。能够活化植物细胞，促进细胞分裂和生长，促进叶绿素和蛋白质的合成。主要能促进果树叶片生长和变绿，保花、保果，提高坐果率；促进果实生长和营养物质的积累，提高产量、改善品质；还能增强植物的抗旱、抗冻、抗病性。

使用方法

●蔬菜、经济作物、大田作物：用0.136%可湿性粉剂15 000倍液叶面喷雾。第一次，2~5叶期或移栽定植后使用；第二次，上次施药后20~30天；生育采收期长的可多喷2~3次。

●果树：在展叶期或2/3落花后，用0.136%可湿性粉剂10 000~15 000倍液叶面喷雾，隔20~30天再施用1次，生育采收期长的可多施用2~3次。

●绿化苗木、草坪：用0.136%可湿性粉剂15 000倍液叶面喷雾，每隔30~45天喷雾1次。

●花卉、鲜切花：用0.136%可湿性粉剂15 000倍液叶面喷雾。

●土壤处理：用0.136%可湿性粉剂10 000~15 000倍液灌根或喷施在植物周围经疏松后的土壤表面。

▎**专家点评**

◎施用该药后，能够诱导产生大量的细胞分裂素和维生素 E，并维持在较高水平，从而确保较高的光合作用率，促进植物根系发育，诱导植物抵御干旱能力；诱导植物产生抗病相关蛋白和生化物质，产生愈伤组织，使植物恢复正常生长，并增强植物抗病能力，对霜霉病、疫病、病毒病具有良好的预防效果；诱导植物产生茉莉酮酸，能使害虫更容易被其天敌消灭；可以预防、抵御冻害。

◎与氨基酸肥、腐殖酸肥、有机肥配合使用增产效果更佳。

◎同杀虫、杀菌剂混用，能帮助受害作物更快愈合及恢复活力，有增效作用。

◎请不要在雨前、天气寒冷和中午高温强光下喷施，否则会影响植物对该药的吸收。

赤霉酸＊	英文名称：Gibberellic acid 其他名称：九二〇 主要剂型及含量：3%、4% 乳油，20%、75% 可溶粒剂，20% 可溶粉剂，4% 可溶液剂

▎**作用机理与特点**

赤霉酸是具有赤霉烷骨架，能刺激细胞分裂和伸长的一类化合物的总称，是赤霉素的一种，属广谱性植物生长调节剂。具有促进茎的伸长生长，诱导开花，打破休眠，促进雄花分化等生理效应，还可加强 IAA 对养分的动员效应，促进某些植物坐果和单性结实、延缓叶片衰老等。此外，也可促进细胞的分裂和分化，但对不定根的形成却起抑制作用，这与生长素有所不同。即使浓度很高，仍可表现出最大的促进效应，这与生长素促进植物生长具有最适浓度的情况显著不同。不同植物种和品种对赤霉酸的反应有很大的差异，在蔬菜（芹菜、莴苣、韭菜）、牧草、茶和苎麻等作物上使用可获得高产。对未经春化的植物施用，则不经低温过程也能诱导开花，且效果很明显。

使用方法

●黄瓜：开花期，用3%乳油300~600倍液喷花1次，以促进坐果、增产；采收前，用3%乳油600~3 000倍液喷瓜，以起到保鲜作用。

●葡萄：开花后7~10天，用3%乳油200~800倍液喷果穗1次，以促进无核果形成和增产。

●芹菜：收获前2周，用3%乳油400~2 000倍液喷叶1次，以使茎叶增大。

●菠菜：收获前3周，用3%乳油1 600~4 000倍液喷叶1~3次，以使茎叶增大。

●马铃薯：播前用3%乳油40 000~80 000倍液浸薯块10~30分钟，以促进发芽。

●柑橘：用3%乳油1 000~2 000倍液喷花，以增大增重果实。

●西瓜：采收前，用用3%乳油600~3 000倍液喷瓜，以起到保鲜作用。

●菊花：春化阶段用3%乳油60倍液喷叶，以促进提前开花。

●仙客来：蕾期用3%乳油60倍液涂抹花蕾，以促进提前开花。

●水稻：在母本15%抽穗时开始，到25%抽穗结束，用3%乳油1 333~2 000倍液喷雾1~3次，先用低浓度，后用高浓度，提高杂交水稻制种的结实率。

专家点评

◎不能与碱性物质混用，可与酸性、中性化肥、农药混用，并能相互增效，与尿素混用增产效果更好。如果使用过量，会造成倒伏，生产上常使用矮壮素进行调节。

◎喷药时间最好在上午10时以前，下午3时以后，喷药后4小时内下雨须重喷。

◎浓度较高，请严格按照用量准确配制。浓度过高会出现徒长、白化，直到畸形或枯死，浓度过低作用不明显。对叶菜类蔬菜用液量因作物植株的大小、密度不同而不同，一般每次亩用液量不少于50升。

◎该药剂水溶液易分解，不宜久放，宜现配现用。

◎只有在肥水供应充分的条件下，才能发挥良好的效果，不能代替肥料。

多效唑

英文名称：Paclobutrazol

其他名称：PP333，氯丁唑

主要剂型及含量：15% 可湿性粉剂，25% 悬浮剂

作用机理与特点

多效唑属三唑类植物生长调节剂，是内源赤霉素合成的抑制剂。具有延缓植物生长，抑制茎秆伸长，缩短节间、促进植物分蘖、增加植物抗逆性能，提高产量等效果。也可提高水稻吲哚乙酸氧化酶的活性，降低稻苗内源 IAA 的水平，明显减弱稻苗顶端生长优势，促进侧芽（分蘖）滋生，可使稻苗根、叶鞘、叶的细胞变小，各器官的细胞层数增加。药剂被叶片吸收的大部分滞留在吸收部分，很少向外运输。多效唑低浓度增进叶片光合效率；高浓度抑制光合效率，提高根系呼吸强度，降低地上部分呼吸强度，提高叶片气孔抗阻，降低叶面蒸腾作用。

使用方法

●水稻：在长秧龄的秧田，于秧苗 1 叶 1 心期，亩用 10% 可湿性粉剂 150~300 克，对水 50 升喷雾，以控制秧苗高度，培育壮秧；在插秧后，于穗分化期，亩用 10% 可湿性粉剂 100~150 克，对水 50~60 升喷雾，以改进株型、矮化，减轻倒伏。

●苹果、梨、桃、樱桃树等果树：每立方米树冠用 10% 可湿性粉剂 10~15 克，以类似环状施肥沟形式，以露根而不伤根为原则，将药撒入宽 30 厘米、深 20 厘米的沟内，覆土。施药前和施药后浇水，保持土壤湿度，或用 15% 可湿性粉剂 150~300 倍液涂干，或用 15% 可湿性粉剂 75~150 倍液叶面喷雾，以使幼树树冠矮化、紧凑，早开花结果，使成年树抑制新梢生长，增加产量，提高质量。

●大豆：始花期，用 10% 可湿性粉剂 500 倍液喷雾整株，以矮化株高，促进分枝和增产。

●油菜：在菜苗 2 叶 1 心至 3 叶 1 心时，用 10% 可湿性粉剂 500~1 000 倍液喷雾，以防止高脚苗和防冻。

●棉花：育苗期，用 10% 可湿性粉剂 500~1 000 倍液喷雾，以防高脚苗和冻害

●花卉：用 10% 可湿性粉剂 500~1 000 倍液喷雾，以使株型挺拔，姿势优美。

●小麦：用 10% 可湿性粉剂 500~1 000 倍液喷雾，以增加分蘖，抗倒伏。

专家点评

◎不宜与 2 甲 4 氯混用。因 2 甲 4 氯在除草剂量下对作物生长有抑制作用，混用容易发生药害。与苯磺隆正常混用一般对麦苗没有影响。

◎在土壤中残留时间较长，作物收获后，必须翻耕土壤，防治对后茬作物产生抑制作用。

◎日本对包括芥菜在内的生姜、长葱、洋葱、胡萝卜、萝卜、蒿菜、黄瓜等蔬菜上的多效唑残留为"一律标准"（即 0.01 毫升 / 千克），美国、欧盟、韩国等对上述蔬菜中的多效唑残留也要求为"不得检出"，所以出口蔬菜生产过程中要谨慎使用。

氯吡脲 *

英文名称：Forchlorfenuron
其他名称：氯吡苯脲，调吡脲，施特优，膨果龙
主要剂型及含量：0.1%、0.5% 可溶液剂

作用机理与特点

氯吡脲是一种具有细胞分裂素活性的苯脲类植物生长调节剂，其生物活性比 6-苄氨基嘌呤高 10~100 倍。具有促进细胞分裂，促进细胞扩大伸长，促进果实肥大，防止果实和花的脱落，促进植物生长、早熟，延缓作物后期叶片的衰老，保鲜，增加产量，增加糖分等作用。广泛用于农业、园艺和果树。浓度高时可作除草剂。

使用方法

●葡萄：在始花至盛花期，用 0.1% 可溶液剂 50~100 倍液浸花，以防止落花；在盛花期 14~18 天，用 0.1% 可溶液剂 50~100 倍液浸果穗，以促进葡萄果实肥大。

●猕猴桃：在开花后 20~30 天，用 0.1%可溶液剂 50~200 倍液浸幼果，以调节生长，增产。

●甜瓜：在开花前后，用 0.1%可溶液剂 100~200 倍液涂抹果梗，以促进坐果。

●马铃薯：种植后 70 天，用 0.1%可溶液剂 10 倍液喷雾，以增加产量。

专家点评

◎严格按规定时期、用药量和使用方法，浓度过高可引起果实空心、畸形果、顶端开裂等现象，并影响果内维生素 C 含量。药液应现用现配，否则效果降低。

◎该药剂还可喷洒叶菜类蔬菜，防止叶绿素降解，延长鲜活产品保鲜期。在苹果生长期（7—8 月），以 50 毫克/千克处理侧芽，可诱导苹果产生分枝，但诱导出的侧枝不是羽状枝，难以形成短果枝。

◎对人眼睛及皮肤有刺激性，施用时应注意防护。

萘乙酸*

英文名称：1-naphthyl acetic acid
其他名称：α- 萘乙酸，NAA
主要剂型及含量：0.03%、0.1%、0.6%、5% 水剂，10% 泡腾片剂，40% 可溶粉剂

作用机理与特点

萘乙酸是一种广谱植物生长调节剂。可经叶片、树枝的嫩表皮、种子进入到植株内，随营养流输导到全株。具有促进细胞分裂与扩大，诱导形成不定根增加坐果，防止落果，改变雌花、雄花比率等作用。可用于小麦、水稻增加有效分蘖，提高成穗率，促进籽粒饱满，增加产量，用于甘薯、棉花增加产量，用于茄类和瓜类防止落花落果，形成无籽果实和增加植株抗旱涝、抗盐碱、抗倒伏能力。

使用方法

●小麦：用 5%水剂 2 500 倍液浸种 10~12 小时，风干播种；拔节前，用 5%水剂 2 000 倍液喷雾 1 次，扬花后，用 5%水剂 1 600 倍液喷雾

剑叶和穗部，以防倒伏，增加结实率。

●水稻：插栽时，用5%水剂5 000倍液浸秧6小时，以加快返青，粗壮茎秆。

●棉花：盛花期，用5%水剂2 500～5 000倍液喷雾植株，每隔10天喷雾1次，连续喷雾2～3次，以防蕾铃脱落。

●甘薯：栽插时，用5%水剂5 000倍液浸秧苗下部（3厘米）6小时，以提高成活率和增产。

●番茄、瓜类：用5%水剂1 600～5 000倍液喷雾花，以防止落花，促进坐果。

●果树：采前5～21天，用5%水剂2 500～10 000倍液喷雾全株，以防止落果。

●茶、桑、侧柏、柞树、水杉等插条：用5%水剂100～2 000倍液浸泡扦插枝条基部（3～5厘米）24小时，以促进插条生根，提高成活率。

专家点评

◎萘乙酸难溶于冷水，配制时可先用少量酒精溶解，再加水稀释或先加少量热水调成糊状再加适量水，然后加碳酸氢钠（小苏打）搅拌直至全部溶解。

◎部分品种的薄皮甜瓜对该药剂相对敏感，应谨慎使用；尤其是在营养生长旺期后易发严重药害，不宜使用。

◎早熟苹果品种使用疏花、疏果易产生药害，不宜使用。

噻苯隆

英文名称：Thidiazuron
其他名称：脱叶灵，脱叶脲，Dropp
主要剂型及含量：50% 悬浮剂，50%、80% 可湿性粉剂，0.1% 可溶液剂，80% 水分散粒剂

作用机理与特点

噻苯隆是一种脲类植物生长调节剂，有极强的细胞分裂活性，其诱导植物细胞分裂、愈伤组织的能力比一般细胞分裂素高1 000倍以

上；能延缓植物衰老，增强其抗逆性，促进植物的光合作用；还能提高作物产量，改善产物品质。在棉花种植上做落叶剂使用。被植株吸收后，可促进叶柄与茎之间的分离组织自然形成而脱落，是很好的脱叶剂。

使用方法

● 葡萄：花期，用 0.1% 可溶液剂 170~250 倍液喷雾，以提高产量。
● 甜瓜：用 0.1% 可溶液剂 200~300 倍液喷雾，以调节生长。
● 番茄：用 0.1% 可溶液剂 1 000 倍液喷雾，以调节生长。

专家点评

◎ 施药时期不能过早，否则会影响产量。
◎ 施药后 2 天内降雨会影响药效，施药前应注意天气预防。
◎ 不要污染其他作物，以免产生药害。
◎ 高浓度使用作为脱叶剂，低浓度使用促进作物生长。

三十烷醇*

英文名称：Triacontanol
其他名称：蜂花醇
主要剂型及含量：0.1% 微乳剂，0.1% 可溶液剂

作用机理与特点

三十烷醇是一种天然的长碳链植物生长调节剂，也是适用范围相当广泛的植物生长促进剂。具有增加干物质的积累、改善细胞膜的透性、增加叶绿素的含量、提高光合强度、增强淀粉酶、多氧化酶、过氧化物酶活性等作用。能促进发芽、生根、茎叶生长及开花，使农作物早熟，提高结实率，增强抗寒、抗旱能力，增加产量，改善产品品质。

使用方法

● 水稻：用 0.1% 微乳剂 1 000~2 000 倍液浸种 2 天后催芽播种，以提高发芽率，增加发芽势，增加产量。
● 小麦：用 0.1% 微乳剂 2 500~5 000 倍液喷雾 2 次，以调节生长，

提高产量。

●花生：用0.1%微乳剂1 000～1 250倍液喷雾，以调节生长。

●柑橘树：用0.1%微乳剂1 000～1 250倍液喷雾，以调节生长和增加产量。

| 专家点评

◎该药剂生理活性很强，使用浓度很低，配置药液要准确。

◎喷药后4～6小时，遇雨需补喷。

◎该药剂的有效成分含量和加工制剂的质量对药效影响极大，注意择优选购。

烯效唑*

英文名称：Uniconazole
主要剂型及含量：5%可湿性粉剂

| 作用机理与特点

烯效唑属三唑类广谱、高效植物生长调节剂，是赤霉素合成抑制剂，兼有高效、广谱、内吸的杀菌和除草作用。通过植物种子、根、芽、叶吸收后在植物体内传导，向顶性明显。有稳定细胞膜结构、增加脯氨酸和糖的含量的作用，提高植物抗逆性和耐寒、抗旱能力。能控制营养生长，抑制细胞伸长、缩短节间、矮化植株，促进侧芽生长和花芽形成。其活性较多效唑高6～10倍，但其在土壤中的残留量仅为多效唑的1/10，对后茬作物影响小。可增加水稻、小麦分蘖，控制株高，提高抗倒伏能力，控制果树营养生长的树形和观赏植物株形，促进花芽分化和多开花。对稻瘟病、小麦根腐病、玉米小斑病、水稻恶苗病、小麦赤霉病、菜豆炭疽病显示良好的抑菌作用。对鱼和蜜蜂中等毒性。

| 使用方法

●水稻：早稻用5%可湿性粉剂1 000倍液，单季稻或连作晚稻因

品种不同用 5% 可湿性粉剂 250~1 000 倍液，以 1：1.2~1.5 种药比浸种 36（24~28）小时，每隔 12 小时拌种 1 次，使种子均匀着药。然后用少量水清洗后催芽播种，以培育多藥矮壮秧。

●小麦：每千克种子用 5% 可湿性粉剂 5 000 倍液 150 毫升，边喷雾边搅拌，使药液均匀附着在种子上，然后掺少量细干土拌匀播种，亦可在拌种后闷 3~4 小时，再掺少量细干土拌匀播种，以培育壮苗，增强抗逆性，增加年前分蘖，提高成穗率；在拔节期（宁早勿迟），亩用 5% 可湿性粉剂 1 000~1 600 倍液 50 升均匀喷施，以控制小麦节间伸长，增加抗倒伏能力。

●观赏植物：用 5% 可湿性粉剂 250~5 000 倍液喷雾，或用 5% 可湿性粉剂 250 000~500 000 倍液盆灌，或在种植前用 5% 可湿性粉剂 50~5 000 倍液浸根、球茎或鳞茎数小时，以控制株形，促进花芽分化和开花。

●花生、草坪等：亩用 5% 可湿性粉剂 40 克对水 30 升喷雾。

▌专家点评

◎烯效唑的应用技术还正在研究开发之中，使用时最好先试验后推广。

◎严格掌握使用量和使用时期。作种子处理时，要平整好土地，浅播浅覆土，墒情好。

乙烯利*

英文名称：Ethephon
其他名称：乙烯磷，2- 氯乙基膦酸
主要剂型及含量：40% 水剂

▌作用机理与特点

乙烯利是优质高效植物生长调节剂，具有促进果实成熟、调节性别分化、减少顶端优势、增加有效分蘖、使植株矮壮、防止倒伏、促进球茎和鳞茎发芽、打破种子休眠等作用。其通过分解释放出的乙烯，对植物的生长、发育、代谢产生调节作用。该药为强酸性水剂，在常温、pH值为3以下比较稳定，几乎不放出乙烯，但随溶液温度和pH值的增加，乙烯释放的速度加快。由于一般植物组织中，细胞液的pH值在4.1以上，乙烯利进入体内后分解放出乙烯，但因植物种类、发育阶段不同，细胞质的pH值也不同，因此乙烯进入植物体内的速度差异很大。该药属低毒性植物生长调节剂，对人、畜低毒，但对眼睛和皮肤有刺激作用，对鱼类、蜜蜂低毒。

使用方法

●水稻：秧苗5~6叶期，亩用40%水剂400倍液45升喷雾，以促进分蘖、培育壮苗。

●玉米：亩用40%水剂500倍液30~50升喷雾，以促进矮化、壮苗，防倒伏。

●番茄：用40%水剂400~800倍液蘸果，以促进发白番茄着色、成熟。

●苹果：采收前7~14天，用40%水剂1000倍液全株喷雾，以促进着色、成熟。

●黄瓜：瓜苗3~4叶期，亩用40%水剂2000~4000倍液30~45升喷雾2次（间隔10天），以增加雌花。

●棉花：70%~80%吐絮期，亩用40%水剂300~500倍液45~60升喷棉桃，以催熟增产。

●甘蔗：收获前4~5周，亩用40%水剂400~500倍液45~60升全株喷洒1次，以增糖。

专家点评

◎在番茄、橡胶、柿树、水稻、烟草、大麦作物上的安全间隔期为20天，每个作物周期最多使用1次。

◎不能与碱性农药混放及混用，以免分解失效。

◎有腐蚀性，使用时戴防护手套、口罩，穿防护服。

◎施药后及时清洗药械。切不可将废液、清洗液倒入河塘等水源。

◎避免孕妇及哺乳期的妇女接触。

吲哚丁酸*

英文名称：4-indol-3-ylbutyric acid
其他名称：氮茚基丁酸
主要剂型及含量：1.2% 水剂

作用机理与特点

　　吲哚丁酸属内源生长素，能促进细胞分裂与细胞生长，诱导形成不定根，增加坐果，防止落果，改变雌花、雄花比率等。其是植物主根生长促进剂，常用于木本和草本植物的浸根移栽，硬枝秆插，能加速根的生长，提高植物生根的百分率，也可用于植物种子的浸种和拌种，可提高发芽率和成活率。其经由叶片、嫩表皮、种子进入到植物体内，随营养流输导到起作用部位。对酸稳定，土中迅速降解，在碱金属的氢氧化物和碳酸化合物的溶液中则成盐。对蜜蜂无毒。

使用方法

　　●番茄、辣椒、黄瓜、无花果、草莓、茄子等：用 1.2% 水剂 50 倍液浸或喷花、果，以促进坐果或单性结实。
　　●葡萄：插条基部浸入 1.2% 水剂 80 倍液中 14 小时，或用 1.2% 水剂 240~600 倍液浸泡枝 24 小时；然后扦插。
　　●苹果、梨、桃：嫁接前，将接穗在 1.2% 水剂 30~60 倍液中速蘸一下后嫁接，或用 1.2% 水剂 12 倍液浸泡枝 5 秒，以提高成活率。
　　●中华猕猴桃：用 1.2% 水剂 60 倍液浸泡枝 3 小时，以促进插枝生根，提高成活率。
　　●水稻、人参、树苗等：用 1.2% 水剂 250~1 200 倍液淋洒土壤，以促使移栽后早生根、根系发达。

专家点评

　　◎处理插条时，勿沾染叶片和心叶。
　　◎吲哚丁酸见光易分解，需用黑色包装物，且不宜久放。

芸苔素内酯*

英文名称：Brassinolide

其他名称：益丰素，天丰素，油菜素内酯，农梨利，硕丰481

主要剂型及含量：0.01% 乳油，0.01% 粉剂，0.007 5%、0.016% 水剂，0.1% 可溶性粉剂

作用机理与特点

目前，芸苔素内酯系列主要包括24-表芸苔素内酯；28-表高芸苔素内酯；14-羟基芸苔素甾醇；丙酰芸苔素内酯。

芸苔素内酯是甾体化合物中生物活性较高的一种，它们广泛存在于植物体内。在植物生长发育各阶段中，既可促进营养生长，又能利于受精作用。人工合成的芸苔素内酯活性较高，可经由植物的叶、茎、根吸收，然后传导到起作用的部位，有的认为可增加 RNA 聚合酶的活性，增加 RNA、DNA含量，有的认为可增加细胞膜的电势差、ATP酶的活性，也有的认为能强化生长素的作用，作用机理目前尚无统一的看法。它起作用的浓度极微量，是高效植物生长调节剂，在很低浓度下，即能显著地增加植物的营养体生长和促进受精作用。它的一些生理作用表现出生长素、赤霉素和细胞分裂素的某些特点。

◎促进细胞分裂，促进果实膨大。对细胞的分裂有明显的促进作用，对器官的横向生长和纵向生长都有促进作用，从而起到膨大果实的作用。

◎延缓叶片衰老，保绿时间长。加强叶绿素合成，提高光合作用，促使叶色加深变绿。

◎打破顶端优势，促进侧芽萌发。能够诱导芽的分化，促进侧枝生成，增加枝数，增多花数，提高花粉受孕性，从而增加果实数量，提高产量。

◎改善作物品质，提高商品性。诱导单性结实，刺激子房膨大，防止落花、落果，促进蛋白质合成，提高含糖量等。

使用方法

●小麦：用 0.004%水剂 1 000~2 000 倍液浸种 24 小时，以促进根

系生长和植株长高；分蘖期，用 0.004% 水剂 1 000~2 000 倍液茎叶喷雾，以增加分蘖数；孕期，用 0.004% 水剂 1 000~2 000 倍液茎叶喷雾，以增加产量。

●玉米：用 0.004% 水剂 1 000~4 000 倍液浸种；苗期，用 0.004% 水剂 1 000~4 000 倍液浸种茎叶喷雾；吐丝后，用 0.004% 水剂 1 000~4 000 倍液茎叶喷雾，以增加千粒重。

●叶菜类蔬菜：苗期及莲座期，用 0.004% 水剂 2 000~4 000 倍液叶面喷雾，以调节生长。

专家点评

◎下雨时不能喷药，药后 6 小时内下雨须重喷。

◎喷药时间最好在上午 10 时以前，下午 3 时以后。

◎用于油菜蕾期、幼荚期，水果花期、幼果期，蔬菜苗期和快速生长期，豆类花期、幼荚期等，增产效果都很好。

1－甲基环丙烯 *

英文名称：1 Methylcyclopropene
其他名称：1-MCP
主要剂型及含量：0.01% 水剂，12% 发气剂，0.014% 微囊粒剂，0.03% 粉剂，0.18% 水分散片剂

作用机理与特点

1-甲基环丙烯 1-MCP 是一种非常有效地乙烯产生和乙烯作用的抑制剂。其可以在植物内源乙烯产生或外源乙烯作用之前抢先与乙烯受体结合，但不会引起成熟的生化反应，从而阻止乙烯与其受体的结合，很好地延长果蔬成熟衰老的过程，延长保鲜期。

使用方法

●番茄：每立方米用 0.014% 微囊粒剂 12~16 克密闭熏蒸，用于保鲜。

●花椰菜：每立方米用 0.014% 微囊粒剂 62.5~92 克密闭熏蒸，用于保鲜。

● 梨：每立方米用 0.014% 微囊粒剂 30~62.5 克密闭熏蒸，用于保鲜。

● 康乃馨：每立方米用 0.014% 微囊粒剂 60~100 克密闭熏蒸，用于保鲜。

专家点评

最新研究发现，1-甲基环丙烯用于蔬果蔬菜在采收前进行喷洒处理，也可有效地延长果蔬采收时间，延长货架期，使用操作更简单；也可用于大田作用的抗旱抗寒等，减轻环境胁迫对作物造成的不利影响。

S-诱抗素 *

英文名称：S-ABA

其他名称：天然脱落酸

主要剂型及含量：10% 可溶液剂，0.1%、5% 水剂，5% 可溶粒剂，1% 可溶粉剂

作用机理与特点

S-诱抗素是平衡植物内源激素和有关生长活性物质代谢的关键因子。具有促进植物平衡吸收水、肥和协调体内代谢的能力。可有效调控植物的根/冠和营养生长与生殖生长，对提高农作物的品质、产量具有重要作用。S-诱抗素可有效激活植物体内抗逆免疫系统，增强植物综合抗性（抗旱、抗热、抗寒、抗病虫、抗盐碱等）的能力。

使用方法

● 葡萄：用 5% 可溶粒剂 170~250 倍液喷雾处理，以调节生长。

● 番茄：用 1% 可溶粉剂 1 000~3 000 倍液喷雾处理，以调节生长。

● 水稻：用 0.1% 水剂 750~1 000 倍液喷雾处理，以调节生长。

专家点评

◎ 适宜葡萄转色初期（或转色前5天）施药1次。

◎ 大风天或预计1小时内有雨，勿施药。

◎ 本季最多使用1次。

◎ 不可与碱性物质混用。

附　录

  附录公布了国家对氟苯虫酰胺、涕灭威、内吸磷等66种农药的禁用、限用范围和对2,4-滴丁酯、百草枯两种农药的管理措施。

国家禁限用农药名单

表1　　国家禁用和限用的农药名单（66种）

农药名称	禁／限用范围	备注	文件依据
氟苯虫酰胺	水稻作物	自2018年10月1日起禁止使用	农业部公告第2 445号
涕灭威	蔬菜、果树、茶叶、中草药材		农农发〔2010〕2号
内吸磷	蔬菜、果树、茶叶、中草药材		农农发〔2010〕2号
灭线磷	蔬菜、果树、茶叶、中草药材		农农发〔2010〕2号
氯唑磷	蔬菜、果树、茶叶、中草药材		农农发〔2010〕2号
硫环磷	蔬菜、果树、茶叶、中草药材		农农发〔2010〕2号
乙酰甲胺磷	蔬菜、瓜果、茶叶、菌类和中草药材作物	自2019年8月1日起禁止使用（包括含其有效成分的单剂、复配制剂）	农业部公告第2 552号
乐果	蔬菜、瓜果、茶叶、菌类和中草药材作物	自2019年8月1日起禁止使用（包括含其有效成分的单剂、复配制剂）	农业部公告第2 552号
丁硫克百威	蔬菜、瓜果、茶叶、菌类和中草药材作物	自2019年8月1日起禁止使用（包括含其有效成分的单剂、复配制剂）	农业部公告第2 552号
三唑磷	蔬菜		农业部公告第2 032号
毒死蜱	蔬菜		农业部公告第2 032号
硫丹	苹果树、茶树		农业部公告第1 586号
	农业	自2018年7月1日起，撤销含硫丹产品的农药登记证；自2019年3月26日起，禁止含硫丹产品在农业上使用	农业部公告第2 552号
治螟磷	农业	禁止生产、销售和使用	农业部公告第1 586号
蝇毒磷	农业	禁止生产、销售和使用	农业部公告第1 586号
特丁硫磷	农业	禁止生产、销售和使用	农业部公告第1 586号
砷类	农业	禁止生产、销售和使用	农农发〔2010〕2号
杀虫脒	农业	禁止生产、销售和使用	农农发〔2010〕2号
铅类	农业	禁止生产、销售和使用	农农发〔2010〕2号

农药名称	禁／限用范围	备注	文件依据
氯磺隆	农业	禁止在国内销售和使用（包括原药、单剂和复配制剂）	农业部公告第2 032号
六六六	农业	禁止生产、销售和使用	农农发〔2010〕2号
硫线磷	农业	禁止生产、销售和使用	农业部公告第1 586号
磷化锌	农业	禁止生产、销售和使用	农业部公告第1 586号
磷化镁	农业	禁止生产、销售和使用	农业部公告第1 586号
磷化铝（规范包装的产品除外）	农业	（1）规范包装：磷化铝农药产品应当采用内外双层包装。外包装应具有良好密闭性，防水防潮防气体外泄。内包装应具有通透性，便于直接熏蒸使用。内、外包装均应标注高毒标识及"人畜居住场所禁止使用"等注意事项。（2）自2018年10月1日起，禁止销售、使用其他包装的磷化铝产品	农业部公告第2 445号
磷化钙	农业	禁止生产、销售和使用	农业部公告第1 586号
磷胺	农业	禁止生产、销售和使用	农农发〔2010〕2号
久效磷	农业	禁止生产、销售和使用	农农发〔2010〕2号
甲基硫环磷	农业	禁止生产、销售和使用	农业部公告第1 586号
甲基对硫磷	农业	禁止生产、销售和使用	农农发〔2010〕2号
甲磺隆	农业	禁止在国内销售和使用（包括原药、单剂和复配制剂）；保留出口境外使用登记	农业部公告第2 032号
甲胺磷	农业	禁止生产、销售和使用	农农发〔2010〕2号
汞制剂	农业	禁止生产、销售和使用	农农发〔2010〕2号
甘氟	农业	禁止生产、销售和使用	农农发〔2010〕2号
福美胂	农业	禁止在国内销售和使用	农业部公告第2 032号
福美甲胂	农业	禁止在国内销售和使用	农业部公告第2 032号
氟乙酰胺	农业	禁止生产、销售和使用	农农发〔2010〕2号
氟乙酸钠	农业	禁止生产、销售和使用	农农发〔2010〕2号
二溴乙烷	农业	禁止生产、销售和使用	农农发〔2010〕2号
二溴氯丙烷	农业	禁止生产、销售和使用	农农发〔2010〕2号
对硫磷	农业	禁止生产、销售和使用	农农发〔2010〕2号
毒鼠强	农业	禁止生产、销售和使用	农农发〔2010〕2号
毒鼠硅	农业	禁止生产、销售和使用	农农发〔2010〕2号
毒杀芬	农业	禁止生产、销售和使用	农农发〔2010〕2号
地虫硫磷	农业	禁止生产、销售和使用	农业部公告第1 586号
敌枯双	农业	禁止生产、销售和使用	农农发〔2010〕2号

（续表）

农药名称	禁／限用范围	备注	文件依据
狄氏剂	农业	禁止生产、销售和使用	农农发〔2010〕2号
滴滴涕	农业	禁止生产、销售和使用	农农发〔2010〕2号
除草醚	农业	禁止生产、销售和使用	农农发〔2010〕2号
草甘膦混配水剂（草甘膦含量低于30%）	农业	2012年8月31日前生产的，在其产品质量保证期内可以销售和使用	农业部公告第1744号
苯线磷	农业	禁止生产、销售和使用	农业部公告第1586号
百草枯水剂	农业	禁止在国内销售和使用	农业部公告第1745号
胺苯磺隆	农业	禁止在国内销售和使用（包括原药、单剂和复配制剂）	农业部公告第2032号
艾氏剂	农业	禁止生产、销售和使用	农农发〔2010〕2号
丁酰肼（比久）	花生		农农发〔2010〕2号
灭多威	柑橘树、苹果树、茶树、十字花科蔬菜		农业部公告第1586号
水胺硫磷	柑橘树		农业部公告第1586号
杀扑磷	柑橘树		农业部公告第2289号
克百威	蔬菜、果树、茶叶、中草药材		农农发〔2010〕2号
	甘蔗作物	自2018年10月1日起禁止使用	农业部公告第2445号
甲基异柳磷	蔬菜、果树、茶叶、中草药材		农农发〔2010〕2号
	甘蔗作物	自2018年10月1日起禁止使用	农业部公告第2445号
甲拌磷	蔬菜、果树、茶叶、中草药材		农农发〔2010〕2号
	甘蔗作物	自2018年10月1日起禁止使用	农业部公告第2445号
氧乐果	甘蓝、柑橘树		农农发〔2010〕2号、农业部公告第1586号
氟虫腈	除卫生用、玉米等部分旱田种子包衣剂外	禁止在除卫生用、玉米等部分旱田种子包衣剂外的其他方面使用	农业部公告第1157号

农药名称	禁／限用范围	备注	文件依据
溴甲烷	草莓、黄瓜		农业部公告第1586号
	除土壤熏蒸外的其他方面	登记使用范围和施用方法变更为土壤熏蒸，撤销除土壤熏蒸外的其他登记；应在专业技术人员指导下使用	农业部公告第2289号
	农业	自2019年1月1日起，将含溴甲烷产品的农药登记使用范围变更为"检疫熏蒸处理"，禁止含溴甲烷产品在农业上使用。	农业部公告第2552号
氯化苦	除土壤熏蒸外的其他方面	登记使用范围和施用方法变更为土壤熏蒸，撤销除土壤熏蒸外的其他登记；应在专业技术人员指导下使用	农业部公告第2289号
三氯杀螨醇	茶树		农农发〔2010〕2号
	农业	自2018年10月1日起禁止使用	农业部公告第2445号
氰戊菊酯	茶树		农农发〔2010〕2号

表2　其他两种采取管理措施的农药名单

农药名称	管理措施	农业部公告
2，4-滴丁酯	不再受理、批准2，4-滴丁酯（包括原药、母药、单剂、复配制剂）的田间试验和登记申请；不再受理、批准其境内使用的续展登记申请。保留原药生产企业该产品的境外使用登记，原药生产企业可在续展登记时申请将现有登记变更为仅供出口境外使用登记	农业部公告第2445号
百草枯	不再受理、批准百草枯的田间试验、登记申请，不再受理、批准其境内使用的续展登记申请。保留母药生产企业该产品的出口境外使用登记，母药生产企业可在续展登记时申请将现有登记变更为仅供出口境外使用登记	农业部公告第2445号

此外，按照《农药管理条例》规定，任何农药产品都不得超出农药登记批准的使用范围。剧毒、高毒农药不得用于防治卫生害虫，不得用于蔬菜、瓜果、茶叶、菌类、中草药材的生产，不得用于水生植物的病虫害防治。

参考文献

陈桂华，蒋学辉. 2005. 十字花科蔬菜病虫原色图谱[M]. 杭州：浙江科学技术出版社.

董向阳，王思芳，孙家隆. 2013. 农药科学使用技术[M]. 北京：化学工业出版社.

黄云，徐志宏. 2016. 园艺植物保护学[M]. 北京：中国农业出版社.

李晓婷. 2009. 科学使用农药[M]. 成都：西南财经大学出版社.

刘维屏. 2006. 农药环境化学[M]. 北京：化学工业出版社.

刘长令. 2002. 世界农药大全-除草剂卷[M]. 北京：化学工业出版社.

刘长令. 2012. 世界农药大全-杀虫剂卷[M]. 北京：化学工业出版社.

刘长令. 2006. 世界农药大全-杀菌剂卷[M]. 北京：化学工业出版社.

吕先真，郑永利. 2006. "浙八味"中药材病虫原色图谱[M]. 杭州：浙江科学技术出版社.

屠予钦. 2000. 农药科学使用指南（第二次修订版）[M]. 北京：金盾出版社.

王国荣，吴降星，郑永利. 2019. 水稻病虫识别及绿色防控技术[M]. 北京：中国农业科学技术出版社.

王险峰. 2000. 进口农药应用手册[M]. 北京：中国农业出版社.

吴文君，高希武. 2004. 生物农药及其应用[M]. 北京：化学工业出版社.

徐汉虹. 2001. 杀虫植物与植物性杀虫剂[M]. 北京：中国农业出版社.

徐汉虹. 2008. 生产无公害农产品使用农药手册[M]. 北京：中国农业出版社.

徐汉虹. 2018. 植物化学保护学（第五版）[M]. 北京: 中国农业出版社.

徐汉虹. 2018. 植物化学保护（第五版）[M]. 北京: 中国农业出版社.

许方程, 章云斐, 郑永利. 2005. 瓜果类蔬菜病虫原色图谱[M]. 杭州: 浙江科学技术出版社.

叶钟音. 2002. 现代农药应用技术全书[M]. 北京: 中国农业出版社.

虞轶俊, 施德. 2008. 农药应用大全[M]. 北京: 中国农业出版社.

张志恒. 2007. 农药合理使用规范和最高残留限量标准[M]. 北京: 化学工业出版社.

张宗俭, 李斌. 2011. 世界农药大全-植物生长调节剂卷[M]. 北京: 化学工业出版社.

郑永利, 童英富, 曹婷婷. 2017. 草莓病虫原色图谱（第二版）[M]. 杭州: 浙江科学技术出版社.

郑永利, 吴华新, 孟幼青. 2017. 西瓜与甜瓜病虫原色图谱（第二版）[M]. 杭州: 浙江科学技术出版社.

郑永利, 谢以泽, 朱金星. 2005. 豆类蔬菜病虫原色图谱[M]. 杭州: 浙江科学技术出版社.

郑永利, 朱金星, 谢以泽. 2005. 茄果类蔬菜病虫原色图谱[M]. 杭州: 浙江科学技术出版社.

周明国. 2002. 中国植物病害化学防治研究（第三卷）[M]. 北京: 中国农业科学技术出版社.

朱蕙香. 2010. 常用植物生长调节剂应用指南[M]. 北京: 化学工业出版社.

Agrios G N. 2005. Plant Pathology [M]. 5th ed. San Diego, Acadenie Prets.

后　记

　　《绿色高效农药使用手册》经过筹划、编撰、审稿、定稿，现在终于出版了。

　　《绿色高效农药使用手册》从筹划到出版历时一年多时间，主编团队长期从事与农药相关的技术管理工作，有丰富的农药使用实践经验，积累了大量的农药原始资料，为本书的出版奠定了牢固的基础。《绿色高效农药使用手册》在编撰过程中，得到了浙江省农学会相关专家的大力帮助，并对书稿进行了仔细的审阅，特别是浙江省农业农村厅章强华研究员、中国农业科学院植物保护所研究部郑永权研究员等给予了大力支持和指导，在此表示衷心感谢。

　　因水平和经验有限，书中瑕疵之处敬请读者批评指正。